配网专业实训技术丛书

配电设备
运行与检修技术

主　编　袁建国　吴青军
副主编　李振华　应　军　卢海权

U0291692

中国水利水电出版社
www.waterpub.com.cn
·北京·

内 容 提 要

本书是《配网专业实训技术丛书》之一。本书共分 6 章。第 1～3 章主要讲解配电变压器运行和检修工作；第 4 章讲解高压开关柜运行和维护工作；第 5 章讲解低压开关柜运行和检修工作；第 6 章讲解构筑物和外壳运行和维护。

本书可作为配电线路工培训教材，也可作为电力系统新进员工培训用书，还可作为从事配电线路安装、验收、检修及运行工程技术人员的参考用书。

图书在版编目（ＣＩＰ）数据

配电设备运行与检修技术 / 袁建国，吴青军主编
. -- 北京 ：中国水利水电出版社，2018.2(2022.4重印)
（配网专业实训技术丛书）
ISBN 978-7-5170-6312-4

Ⅰ．①配⋯ Ⅱ．①袁⋯ ②吴⋯ Ⅲ．①配电装置－电力系统运行②配电装置－检修 Ⅳ．①TM642

中国版本图书馆CIP数据核字(2018)第030550号

书　　名	配网专业实训技术丛书 **配电设备运行与检修技术** PEIDIAN SHEBEI YUNXING YU JIANXIU JISHU	
作　　者	主　编　袁建国　吴青军 副主编　李振华　应　军　卢海权	
出版发行	中国水利水电出版社 （北京市海淀区玉渊潭南路 1 号 D 座　100038） 网址：www.waterpub.com.cn E-mail：sales@mwr.gov.cn 电话：(010) 68545888（营销中心）	
经　　售	北京科水图书销售有限公司 电话：(010) 68545874、63202643 全国各地新华书店和相关出版物销售网点	
排　　版	北京时代澄宇科技有限公司	
印　　刷	天津嘉恒印务有限公司	
规　　格	184mm×260mm　16 开本　9.25 印张　219 千字	
版　　次	2018 年 2 月第 1 版　2022 年 4 月第 2 次印刷	
印　　数	4001—5000 册	
定　　价	**48.00 元**	

本 书 编 委 会

前　言

近年来，国内城市化建设进程不断推进，居民生活水平不断提升，配网规模快速增长，社会对配网安全可靠供电的要求不断提高，为了加强专业技术培训，打造一支高素质的配网运维检修专业队伍，满足配网精益化运维检修的要求，我们编制了《配网专业实训技术丛书》，以期指导提升配网运维检修人员的理论知识水平和操作技能水平。

本丛书共有六个分册，分别是《配电线路运维与检修技术》《配电设备运行与检修技术》《柱上开关设备运维与检修技术》《配电线路工基本技能》《配网不停电作业技术》以及《低压配电设备运行与检修技术》。作为从事配电网运维检修工作的员工培训用书，本丛书将基本原理与现场操作相结合，将理论讲解与实际案例相结合，全面阐述了配网运行维护和检修相关技术要求，旨在帮助配网运维检修人员快速准确判断、查找、消除故障，提升配网运维检修人员分析、解决问题能力，规范现场作业标准，提升配网运维检修作业质量。

本丛书编写人员均为从事配网一线生产技术管理的专家，教材编写力求贴近现场工作实际，具有内容丰富、实用性和针对性强等特点，通过对本丛书的学习，读者可以快速掌握配电运行与检修技术，提高自己的业务水平和工作能力。

在本书编写过程中得到过许多领导和同事的支持和帮助，使内容有了较大改进，在此向他们表示衷心感谢。本书编写参阅了大量的参考文献，在此对其作者一并表示感谢。

由于编者水平有限，书中疏漏和不足之处在所难免，敬请广大读者批评指正。

编者

目　　录

前言

第1章　油浸式配电变压器 ·· 1

1.1　基础知识 ··· 1

1.2　结构 ··· 2

1.3　安装验收标准 ·· 4

1.4　状态检修 ··· 9

1.5　巡检项目及要求 ·· 12

1.6　C级检修 ·· 13

1.7　反事故技术措施 ·· 15

1.8　常见故障原因分析、判断及处理 ·· 16

第2章　干式配电变压器 ·· 20

2.1　基础知识 ·· 20

2.2　结构 ·· 21

2.3　安装验收标准 ··· 24

2.4　状态检修 ·· 27

2.5　巡检项目及要求 ·· 30

2.6　C级检修 ·· 32

2.7　反事故技术措施 ·· 35

2.8　常见故障原因分析、判断及处理 ·· 36

第3章　箱式变电站 ·· 39

3.1　基础知识 ·· 39

3.2　结构 ·· 42

3.3　安装验收标准 ··· 45

3.4　状态检修 ·· 47

3.5　巡检项目及要求 ·· 53

3.6　反事故技术措施 ·· 54

3.7　常见故障原因分析、判断及处理 ·· 55

第4章　高压开关柜 ·· 58

4.1　基础知识 ·· 58

4.2　结构及分类 ·· 59

4.3　二次回路部分 ……………………………………………………………… 62

4.4　安装验收标准 ………………………………………………………………… 64

4.5　状态检修 ……………………………………………………………………… 68

4.6　巡检项目及要求 ……………………………………………………………… 73

4.7　C 级检修 ……………………………………………………………………… 74

4.8　反事故技术措施 ……………………………………………………………… 77

4.9　常见故障原因分析、判断及处理 …………………………………………… 79

4.10　倒闸操作 ……………………………………………………………………… 86

第 5 章　低压开关柜 ……………………………………………………………… 93

5.1　基础知识 ……………………………………………………………………… 93

5.2　结构及分类 …………………………………………………………………… 95

5.3　安装验收标准 ………………………………………………………………… 118

5.4　巡视、检修与维护 …………………………………………………………… 119

5.5　常见故障原因分析、判断及处理 …………………………………………… 120

5.6　现场实际案例 ………………………………………………………………… 126

第 6 章　构筑物及外壳 …………………………………………………………… 130

6.1　本体检查 ……………………………………………………………………… 130

6.2　安装工艺质量检查 …………………………………………………………… 130

6.3　构筑物隐蔽工程验收 ………………………………………………………… 130

6.4　施工单位应提交的资料 ……………………………………………………… 134

6.5　交接试验项目及要求 ………………………………………………………… 134

参考文献 …………………………………………………………………………… 135

第1章　油浸式配电变压器

1.1　基础知识

油浸式配电变压器，指配电系统中根据电磁感应定律变换交流电压和电流而传输交流电能的一种静止电器，大多数是 10kV 及以下电压等级直接向终端用户供电的电力变压器。

1. 基本概念

油浸式配电变压器也称油式变压器，它是变压器的一种结构型式。油浸式配电变压器由于防火的需要，一般安装在单独的变压器室内（高层除外）或室外，具有体积大、成本低、维修简单、散热好、过负荷能力强、适应环境广泛的特点。

2. 分类

油浸式配电变压器按相数分为单相变压器和三相变压器。

按绕组可分为双绕组变压器和三绕组变压器，双绕组变压器即在铁芯上有两个绕组，一个为原绕组，另一个为副绕组。配网中变压器一般为双绕组变压器。

按铁芯材料可分为采用非晶合金铁芯的变压器和采用硅钢片铁芯的变压器。

按照铁芯制作工艺可分为卷铁芯变压器和叠铁芯变压器。

按外壳是否全密封可分为非密封型油浸式变压器和密封型油浸式变压器。

3. 结构

油浸式配电变压器结构如图 1-1 所示。

4. 型号及含义

油浸式配电变压器型号由字母和数字构成，如图 1-2 所示。

变压器相数中，字母 S 代表三相变压器，D 代表单相，SBH 代表非晶合金。

例如，电力变压器型号 S11-M-1000/10/0.4kV，型号中"S"表示三相变压器；"11"代表设计序号，"M"代表全密封，"S11-M 变压器"就是三相全密封型变压器；"1000"代表容量 1000kVA，"10"代表高压侧额定电压 10kV，"0.4"代表低压额定电压 400V。

5. 特点

（1）油浸式配电变压器低压绕组一般都采用圆筒式结构或螺旋式结构；高压绕组采用多层圆筒式结构，使绕组的安匝分布平衡，漏磁小，机械强度高，抗短路能力强。

（2）铁芯和绕组各自采用了紧固措施，器身高、低压引线等紧固部分都带自锁防松螺母，采用了不吊芯结构，能承受运输的颠震。

（3）线圈和铁芯采用真空干燥，变压器油采用真空滤油和注油的工艺，使变压器内部

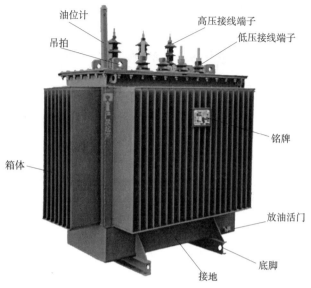

图 1-1　油浸式配电变压器结构图

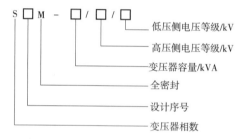

图 1-2　变压器型号

的潮气降至最低。

（4）油箱采用波纹片，它具有呼吸功能，可补偿因温度变化而引起的油体积变化，可明显降低变压器的高度。

（5）由于波纹片取代了储油柜，使变压器油与外界隔离，这样就有效地防止了氧气、水分进入而导致的绝缘性能下降。

由于以上性能，保证了油浸式配电变压器在正常运行时不需要换油，大大降低了变压器的维护成本，同时延长了变压器的使用寿命。

1.2　结　　构

油浸式配电变压器主要由铁芯、绕组、油箱、绝缘套管、分接开关和气体继电器（800kVA以上）等组成。此处主要介绍铁芯、绕组和油箱，并对接线联结组别进行介绍。

1. 铁芯

油浸式配电变压器铁芯材料可采用非晶合金铁芯和硅钢片铁芯。非晶合金是一种特殊的铁芯材料，其虽然是金属材料但结构内部没有晶体结构，与之对应的是采用硅钢片（或

2

称为电工钢带）作为铁芯的变压器。非晶合金优点是相对于硅钢片铁芯的变压器，其空载损耗将大幅度降低。

铁芯制作工艺有卷铁芯和叠铁芯两种。卷铁芯由于是沿着取向硅钢片的最佳导磁方向卷绕而成，充分发挥了取向硅钢片的优越性能，磁路畸变小，因此比叠铁芯空载损耗及空载电流都要小（叠铁芯因有叠片接缝，此处会有磁路畸变）。所以从节能性能上来说，卷铁芯具有明显优势。但卷铁芯工艺要求高，制造较叠铁芯变压器难度大，可维修性也较弱。

2. 绕组

绕组和铁芯都是变压器的核心元件，其基本绕组有同心式和交叠式两种，如图 1-3 所示。配网一般采用同心式绕组。

（1）同心式绕组。高低压绕组在同一芯柱上同芯排列，低压绕组在里，高压绕组在外，便于与铁芯绝缘，结构较简单。

（2）交叠式绕组。高低压绕组分成若干部分形似饼状的线圈，沿芯柱高度交错套装在芯柱上。

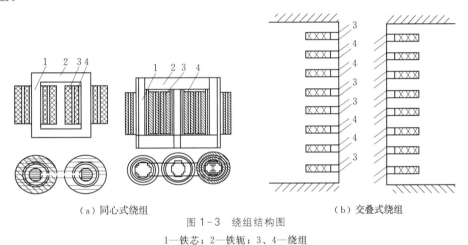

（a）同心式绕组　　　　　　　　　　　　　（b）交叠式绕组

图 1-3　绕组结构图

1—铁芯；2—铁轭；3、4—绕组

3. 油箱

油浸式配电变压器的器身（绕组及铁芯）都装在充满变压器油的油箱中，油箱用钢板焊成。中、小型变压器的油箱由箱壳和箱盖组成。

4. 接线联结组别

目前，配网中油浸式配电变压器一般采用以下两种接线联结组别：

（1）Yyn0。其中 Y 表示高压绕组为星形接线；y 表示低压绕组为星形接线；n 表示从二次侧绕组中点引出中性线；0 表示高压与低压的线电压相位相同。可作为三相四线制或三相五线制的供电输出，用于容量不大的配电变压器，供给动力和照明负载。

（2）Dyn11。其中 D 表示高压绕组为三角形接线；y 表示低压绕组为星形接线；n 表示二次侧绕组中性点直接接地并有中性线引出；11 表示高压与低压的线电压相位差30°。

在应用过程中，无论变压器空载损耗还是负载损耗，Dyn11 都比 Yyn0 接线损耗要小。

1.3 安装验收标准

油浸式配电变压器安装验收包括验收准备、开箱检查、变压器及相关设备安装和验收。

1.3.1 验收准备

1. 工作前准备

(1) 变压器安装施工图手续齐全。

(2) 应了解设计选用的变压器性能、结构特点及相关技术参数等。

2. 设备及材料要求

(1) 变压器规格、型号、容量应符合设计要求。其附件、备件齐全，并应有设备的相关技术资料文件，以及产品出厂合格证。设备应装有铭牌，铭牌上应注明制造厂名，额定容量，一次、二次额定电压、电流、阻抗，以及接线组别等技术数据。

(2) 辅助材料。电焊条、防锈漆、调和漆等均应符合设计要求，并有产品合格证。

3. 作业条件

(1) 变压器室内、墙面、屋顶、地面工程、受电后无法进行再装饰的工程以及影响运行安全的项目等应施工完毕，屋顶防水无渗漏，门窗及玻璃安装完好，地坪抹光工作结束，室外场地平整，设备基础按工艺配制图施工完毕。

(2) 预埋件、预留孔洞等均已清理并调整至符合设计要求。

(3) 保护性网门、栏杆等安全设施齐全，通风、消防设置安装完毕。

(4) 与电力变压器安装有关的建筑物、构筑物的建筑工程质量应符合现行建筑工程施工及验收规范的规定。当设备及设计有特殊要求时，应符合其他要求。

1.3.2 开箱检查

(1) 变压器开箱检查人员应由建设单位、施工安装单位、供货单位代表组成，共同对设备开箱检查，并做好记录。

(2) 开箱检查应根据施工图、设备技术资料文件、设备及附件清单，检查变压器及附件的规格型号、数量是否符合设计要求，部件是否齐全，有无损坏丢失。

(3) 按照随箱清单清点变压器的安装图纸、使用说明书、产品出厂试验报告、出厂合格证书、箱内设备及附件的数量等，与设备相关的技术资料文件均应齐全。同时设备上应设置铭牌，并登记造册。

(4) 被检验的变压器及设备附件均应符合有关规范的规定。变压器应无机械损伤和裂纹、变形等缺陷，油漆应完好无损。变压器高压、低压绝缘瓷件应完整无损伤、无裂纹等。

1.3.3 变压器及相关设备安装

1. 一般要求

(1) 油浸式配电变压器应设在负荷中心或重要用户附近便于更换和检修设备的地方，

并尽量避开车辆、行人密集场所和易爆、易燃、污秽严重的场所。

（2）油浸式配电变压器应选用节能环保型产品，接线组别宜采用 Dyn11，单台容量不宜超过 630kVA。

（3）在变压器本体醒目处挂设"当心触电"警告标志牌，户外变压器应在醒目位置挂设"高压危险！禁止攀登"警告标示牌。

2. 保护配置

（1）油浸式配电变压器的高压侧应装设保护装置，可采用跌落式熔断器、负荷开关带熔断器、真空开关等形式。跌落式熔断器的装设方向和高度应便于安全操作。各相跌落式熔断器间的水平距离不应小于 0.5m。

（2）油浸式配电变压器的低压侧应装设低压熔断器，各相熔丝具之间的水平距离不应小于 0.2m。

（3）油浸式配电变压器高压侧应装设氧化锌避雷器，宜采用合成绝缘氧化锌避雷器；避雷器应装设在高压熔断器负荷侧，安装位置应尽量靠近变压器，安装时相间距离 10kV 不小于 350mm。

（4）为防止反变换波或低压侧雷电波击穿高压侧绝缘，油浸式配电变压器低压侧应装设氧化锌避雷器。

（5）800kVA 及以上的油浸式配电变压器应装设气体继电器，气体继电器的安装位置及其结构应能观测到分解出气体的数量和颜色，而且应便于取气体。

（6）油浸式配电变压器的低压侧应装设过流、过负荷、短路保护装置，并设置明显的断开点。

3. 杆架式油浸配电变压器

（1）杆架式油浸配电变压器，其底部离地面高度不应小于 2.5m，杆架底部无便于向上攀登的构件，离杆架（或台架）2m 水平距离内无高出地面 0.5m 及以上的自然物或建筑物。当配电箱安装在配电变压器下面时，箱底距地面高度应为 2m 以上，安装跌落式熔断器的横担离变压器台面高度不应小于 2.5m。

（2）底座宜采用槽钢，应热镀锌处理，其强度应满足载重变压器的要求。

（3）安装变压器的台面应保持水平，双杆式配电变压器台架水平坡度不大于 1/100，根开一般为 2.2~3m。

（4）变压器的电源从架空线路接入时，在接入开关的负荷侧应装设接地环。接地环距离变压器台面高度不应小于 2.5m。

（5）变压器与低压侧的配电室或配电箱的距离不宜超过 10m。

（6）杆架式油浸配电变压器低压侧应朝向便于巡视一侧。

杆架式油浸配电变压器如图 1-4 所示。

4. 油浸式配电变压器室

（1）可燃油油浸式配电变压器室的耐火等级应为Ⅰ级，非燃或难燃介质的配电变压器室的耐火等级不应低于Ⅱ级。

（2）当配变室与高压配电室不同室时，配变室进线处宜装设墙上隔离闸刀，其位置应满足操作方便和安全可靠要求，并配有绝缘垫。

图 1-4 杆架式油浸配电变压器

（3）变压器室的地面强度应满足变压器载重的要求。室门应为向外开的防火门，室内应配置用于电气火灾的灭火器。

（4）附设配电室的可燃油油浸式变压器室，油量为 1000kg 及以上的油浸式变压器应设置容量为 100％变压器油量的事故贮油池。

（5）变压器安装位置应便于巡视，必要时增设巡视窗。

5. 变压器型钢基础的安装

（1）型钢金属构架的几何尺寸应符合设计基础配制图的要求与规定。

（2）基础构架与接地扁钢连接不宜少于 2 个端点。在基础型钢构架的两端，用扁钢焊接。焊接扁钢时，焊缝长度应为扁钢宽度的 2 倍。焊接三个棱边，焊完后去除氧化皮，焊缝应均匀牢靠。焊接处做防腐处理后再刷两遍灰面漆。如果焊接的是接地圆钢，则圆钢的直径不得小于 12mm。

6. 变压器二次搬运

（1）二次运输为将变压器由设备库运到变压器的安装地点。搬运过程中注意交通线路情况，到地点后应做好现场保护工作。

（2）变压器吊装时索具必须检查合格，运输路径应道路平整良好。根据变压器自身重量及吊装高度，决定采用何种搬运工具进行装卸。

（3）铲车拖重物时，要有专门人员负责指挥，铲变压器时严禁超载。工作时变压器应放置平稳，其高度不得妨碍司机视线。起铲后，必须将吊杆向后倾斜 10°～15°，根据路面情况，以适当速度行驶。

7. 变压器本体安装

（1）变压器基础的轨道应水平。

（2）变压器应安放在一个牢固的、不低于 0.3m 的平台上。

（3）变压器就位时，应按设计要求的方位和距墙尺寸就位，横向距墙不应小于

600mm，距门不应小于 800mm。并应适当考虑推进方向，开关操作方向应留有 1200mm 以上的净距。

（4）变压器的安装应采取抗地震措施。

8. 变压器连线

（1）变压器的一次、二次连线，地线，控制管线均应符合现行国家施工验收规范规定。

（2）变压器的一次、二次引线连接，不应使变压器的套管直接承受应力。

（3）变压器低压绕组中性线在中性点处与保护接地线同接在一起，并应分别敷设。中性线宜用绝缘导线。

9. 呼吸器的安装

（1）呼吸器安装前，应检查硅胶是否失效，如已失效，应在 115～120℃温度烘烤 8h，使其复原或更新。浅蓝色硅胶变为浅红色，即已失效；白色硅胶，不加鉴定一律烘烤。

（2）呼吸器安装时，必须将呼吸器盖子上橡皮垫去掉，使其通畅。并在下方隔离器具中装适量变压器油，起滤尘作用。

10. 避雷器的安装

（1）避雷器外观应无裂纹、损伤，整体密封完好。

（2）应尽量靠近被保护设备，宜装设在跌落式熔断器负荷侧。

（3）安装牢固，排列整齐，高低一致。相间距离：1～10kV 时，不小于 350mm；1kV 以下时，不小于 150mm。

11. 接地装置的安装

水平安装的接地体，其材料一般采用镀锌圆钢或扁钢。如采用圆钢，其直径应大于 10mm；如采用扁钢，其截面尺寸应大于 100mm^2，厚度不应小于 4mm，现多采用 40mm× 4mm 的扁钢。接地体长度一般由设计确定。水平接地体所用的材料不应有严重锈蚀或弯曲不平，否则应更换或矫直。变压器的接地应将高、低压侧的铠装电缆的钢带、铅皮用连接导线分别接到变压器外壳上专供接地的螺钉上。

12. 无功补偿装置的安装

（1）杆上安装时电容器箱底部离地不小于 2m，箱体应可靠接地。

（2）配电室内安装时应设独立的电容器柜。

（3）户外电容器箱运行监视窗口方向位置正确，便于巡视检查。

（4）配电网中智能电容器的投切方式为接触器投切、晶闸管投切、负荷开关投切。

13. 变压器交接试验内容

测量线圈与套管的总直流电阻，检查所有分接头的变压比及三相变压器的联结组标号，测量线圈与套管的总绝缘电阻，线圈与套管一起做交流耐压试验，试验全部合格后方可使用。

1.3.4 变压器及相关设备验收

1. 变压器本体验收

（1）变压器套管表面光洁，无破损裂纹现象。

（2）盖板、套管、油位计等处是否密封良好，有无渗油现象；油枕上的油位计是否完好，油位是否清晰且在与环境温度相符的油位线上。

（3）变压器一次、二次出线套管及与导线的连接是否良好，相色是否正确。

（4）变压器中性点与外壳连接后和避雷器接地线一起可靠接地，接地电阻符合要求。

（5）变压器固定应采用经过防锈处理的固定金具固定。

（6）变压器高低压引线与变压器接线桩头连接紧密牢靠，引线为铝绝缘线时，应有可靠的铜铝过渡措施。

（7）引线连接好后，排列整齐，松紧适中，不应使变压器接线桩头受力。

（8）防爆管（安全气道）的防爆膜是否完好，呼吸器的吸潮剂是否失效。

2. 呼吸器验收

（1）硅胶的装入量以占呼吸器容积的2/3为宜。当硅胶变色部分占到整体的1/3以上时应及时更换。根据现行国家电网公司状态检修规定，硅胶变色为2/3时，变压器设备为异常状态。

（2）油杯内绝缘油高度应高于油管最下端，方可起到密封除尘作用。油杯绝缘油不得超过油标指示的最高刻度，否则会造成呼吸孔塞堵塞，呼吸器无法正常呼气。

（3）呼吸器的密封性须良好，硅胶变色应由底部开始，如上部颜色发生变色则说明呼吸器密封性不严。为保证呼吸器正常运行，需及时调整呼吸器密封性。

（4）呼吸器应检查硅胶是否失效，浅蓝色硅胶变为浅红色，即已失效，变为白色硅胶，应对硅胶进行烘烤。

3. 避雷器验收

（1）安装牢固，排列整齐，高低一致。相间距离：1～10kV 时，不小于 350mm；1kV 以下时，不小于 150mm。

（2）引下线应短而直，连接紧密，上引线和下引线应使用不小于 25mm^2 的铜绝缘线。

（3）电气部分的连接不应使避雷器受力。应尽量靠近被保护设备，宜装设在跌落式熔断器负荷侧。

4. 接地装置的验收

接地装置应接地可靠，符合技术规范，才能很好地起到分流作用，才能保护配电变压器。

（1）容量为100kVA 及以上的变压器，接地电阻不应大于 4Ω，每个重复接地装置的接地电阻不应大于 10Ω。

（2）容量为100kVA 以下的变压器，接地电阻不应大于 10Ω，每个重复接地装置的接地电阻不应大于 30Ω。

5. 无功补偿装置的验收

油浸式配电变压器的无功补偿装置容量可按变压器最大负载率75％、负荷自然功率因数0.85 考虑，补偿到变压器最大负荷时其高压侧功率因数不低于 0.95，或按照变压器容量的 10％～40％进行配置。无功补偿装置应安装于便于巡视的地方。

6. 油浸式配电变压器绝缘罩的验收

（1）绝缘罩应具有良好的绝缘性能，绝缘强度不小于 35kV/mm，绝缘电阻不小于

1000Ω，阻燃性大于 35％。

（2）绝缘罩应设计合理，安装方便。

（3）扣接结构便于检修时拆装重复使用。

（4）耐紫外线，耐老化，满足户外长期运行。

1.3.5　设备保护

（1）变压器就位后，应采取有效保护措施，防止铁件及杂物掉入线圈框内，并应保持器身清洁干净。

（2）操作人员不得蹬踩变压器作业，应避免工具、材料掉下砸伤变压器。

（3）对安装的电气管线及其支架应注意保护，不得碰撞损伤。

（4）应避免在变压器上方操作电气焊，如不可避免时，应做好遮挡防护，防止焊渣掉下，损伤设备。

1.4　状　态　检　修

所谓的状态检修，就是以安全、可靠性、环境、成本为基础，通过设备状态评价、风险评估、检修决策，达到设备运行安全可靠、检修成本合理的一种检修策略。

油浸式配电变压器状态检修工作应综合考虑油浸式配电变压器状态、运行可靠性、环境以及成本等因素，明确变压器状态检修工作对设备状态评价、风险评估、检修决策制定、检修工艺控制、检修绩效评估等环节的基本要求，保证变压器运行安全和检修质量。

1. 状态评价

油浸式配电变压器状态评价以台为单位，包括绕组及套管、分接开关、冷却系统、油箱、接地及绝缘油等部件。各部件的范围划分见表 1-1。

表 1-1　　　　　　　　油浸式配电变压器各部件的范围划分

部件	评 价 范 围
绕组及套管 P1	高压绕组、低压绕组及出线套管、外部连接
分接开关 P2	无载分接开关
冷却系统 P3	风机、温控装置
油箱 P4	油箱（包括散热器）、油枕、密封
接地 P5	接地引下线、接地体外观及接地电阻
绝缘油 P6	油耐压、颜色

油浸式配电变压器的评价内容分为绝缘性能、直流电阻、温度、机械特性、外观（油位、呼吸器、硅胶、密封）、负荷情况、接地电阻、对地距离等。各部件的评价内容见表 1-2。

表 1-2 油浸式配电变压器各部件的评价内容

部件	绝缘性能	直流电阻	温度	机械特性	外观	负荷情况	接地电阻	对地距离
绕组及套管	✓	✓	✓		✓	✓		
分接开关		✓		✓	✓			
冷却系统			✓	✓	✓	✓		
油箱			✓		✓			✓
接地					✓		✓	
绝缘油	✓				✓			

各评价内容包含的状态量见表 1-3。

表 1-3 评价内容包含的状态量

评价内容	状 态 量
绝缘性能	绕组、器身及套管绝缘电阻，交流耐压试验，非电量保护装置绝缘，绝缘油耐压
直流电阻	绕组直流电阻
温度	接头温度、油温度、干变器身温度、温控装置性能
机械特性	风机动作情况、分接开关动作情况
负荷情况	负载率、三相不平衡率
外观	油位、套管外绝缘抗污能力水平、密封、油漆、散热片、呼吸器硅胶、接地引下线、温度计、绝缘油
接地电阻	接地体的接地电阻
对地距离	变压器台架对地距离

各部件的最大扣分值为 100 分，权重见表 1-4。

表 1-4 各 部 件 权 重

部件	绕组及套管	分接开关	冷却系统	油箱	接地	绝缘油
部件代号	P1	P2	P3	P4	P5	P6
权重代号	K1	K2	K3	K4	K5	K6
权重	0.3	0.15	0.15	0.15	0.15	0.1

油浸式配电变压器的状态量以查阅资料、停电试验、带电检测、巡视检查和在线监测等方式获取。

当下述状态量达到最大扣分值时，不再对该变压器进行评估而直接进入缺陷处理程序：①绕组直流电阻；②油温度、接头温度；③油位；④负荷情况。

油浸式配电变压器状态评价以量化的方式进行，各部件起评分为 100 分。油浸式配电变压器的状态量和最大扣分值表 1-5。

　　　　　　　　　　　　油浸式配电变压器的状态量和最大扣分值

序号	状态量名称	部件代号	最大扣分值
1	直流电阻	P1	40
2	绕组、器身及套管绝缘电阻	P1	40
3	交流耐压试验	P1	40
4	接头温度	P1	40
5	负载率	P1	40
6	套管外绝缘抗污能力水平	P1	40
7	三相不平衡率	P1	20
8	密封	P1/P4	25
9	分接开关性能	P2	15
10	温控装置性能	P3	20
11	变压器台架对地距离	P4	40
12	油位	P4	25
13	呼吸器硅胶颜色	P4	15
14	油温度	P4	5
15	油漆	P4	5
16	接地电阻及接地引下线等	P6	30
17	绝缘油耐压	P7	30
18	绝缘油颜色	P7	10

注 当一个状态量对应多个部件时，应分析最可能引起状态量变化的原因，然后确定应该扣分的部件。

2. 评价结果

$$某一部件的最后得分＝MP \cdot KF \cdot KT$$

其中

$$MP＝100－相应部件的扣分总和$$

$$KT＝100－该部件的运行年数$$

式中　MP——某一部件的基础得分；

　　　KF——家庭性缺陷系数，对存在家族性缺陷的部件，取 $KF＝0.95$；

　　　KT——寿命系数。

各部件的评价结果按量化分值的大小分为"正常状态""注意状态""异常状态"和"重大异常状态"四个状态。分值与状态的关系见表 1－6。

（1）当配电设备所有部件的得分在"正常状态"及以上时，配电设备的最后得分按以下方法计算：

$$配电设备的最后得分＝\sum KP \cdot MP$$

（2）当配电设备所有部件中有一个得分在"注意状态"及以下时，最后得分按得分最低的部件计算。

表 1 - 6 　　　　　　　　油浸式配电变压器部件评价分值与状态的关系

部件	<85~100	<75~85	<60~75	≤60
绕组及套管	正常状态	注意状态	异常状态	异常状态
分接开关	正常状态	注意状态		
冷却系统	正常状态	注意状态		
绝缘油	正常状态	注意状态	异常状态	
油箱	正常状态	注意状态	异常状态	重大异常状态
接地	正常状态	注意状态	异常状态	

1.5　巡 检 项 目 及 要 求

做好油浸式配电变压器运行、维护工作，及时发现和消除设备缺陷，对预防事故发生，提高配网的供电可靠性，降低线损和运行维护费用起着重要的作用。油浸式配电变压器巡检的目的是为了掌握变压器的运行情况及周围环境变化，及时发现和消除设备缺陷，预防事故发生，确保设备安全运行。

巡检具体项目如下：

（1）变压器运行声音是否正常。

（2）变压器油色、油位是否正常，各部位有无渗漏油现象。

（3）变压器油温及温度计指示是否正常。

（4）变压器两侧母线有无悬挂物，金具连接是否紧固；引线不应过松或过紧，接头接触良好。

（5）呼吸器是否通畅；硅胶是否变色。

（6）瓷瓶、套管是否清洁，有无破损裂纹、放电痕迹及其他异常现象。

（7）变压器外壳接地点接触是否良好，基础是否完整，有无下沉，有无裂纹。

（8）电缆穿孔封堵是否严密，有无受潮。

（9）铭牌是否完好；警告牌悬挂是否正确，各种标志是否齐全明显。

（10）各个电气连接点有无锈蚀、过热和烧损现象。

（11）各部密封垫有无老化、开裂、缝隙，有无渗漏油现象。

（12）各部螺栓是否完整，有无松动。

（13）一次、二次熔断器是否齐备。

（14）本体：外观无异常，储油柜油位正常，无油渗漏；对套管油位高于变压器油枕油位变压器，尤其应注意套管油位的检查确认，防止套管内漏缺陷；记录油温、绕组温度，环境温度；呼吸器呼吸正常；变压器声响和振动无异常，必要时按《电力变压器　第10部分：声级测定》（GB/T 1094.10—2003）测量变压器声级；如振动异常，可定量测量或作振动、噪声的频谱分析。

（15）红外热像：检测变压器箱体、储油柜、套管、冷却系统、引线接头及电缆等。红外热像图显示应无异常温升、温差或相对温差。

（16）分接开关指示位置是否正确，换接是否良好。

（17）在下列情况下应对变压器增加巡视检查次数：

1）新设备或经过检修、改造的变压器在投运72h内。

2）有严重缺陷时。

3）气象突变（如大风、大雾、大雪、冰雹、寒潮等）时。

4）雷雨季节特别是雷雨后，高温季节、高峰负载期间，节假日、重大活动期间，变压器急救负载运行时。

1.6 C 级 检 修

1.6.1 检修分类

配网油浸式配电变压器检修工作分停电检修和不停电检修，停电检修分为A级、B级、C级，不停电检修分为D级、E级。目前配网中油浸式配电变压器大都采用C级检修。

（1）A级检修。指整体性检修，对配网设备进行较全面的解体（配网设备更换）、检查、修理及修后试验，以恢复设备性能。

（2）B级检修。指局部性检修，对配网设备部分功能部件进行分解、检查、修理、更换及修后试验，以恢复设备性能。

（3）C级检修。指一般性检修，对设备在停电状态下进行预防性试验，一般性消缺、检查、维护和清扫，以保持及验证设备的正常性能。

（4）D级检修。指维护性检修，对设备在不停电状态下进行带电测试和设备外观检查、维护、保养，以保证设备正常的功能。

（5）E级检修。指设备带电情况下的中间电位及地电位检修、消缺、维护。

1.6.2 油浸式配电变压器C级检修

油浸式配电变压器C级检修周期宜与状态检修试验周期一致，重要设备6年1次，一般设备10年1次。新建、扩建的特重要用户的新设备首次C级检修在投运后1~3年内进行。正常状态设备的停电检修按C级检修项目执行，试验按《配网设备状态检修试验规程》（Q/GDW 643—2011）例行试验项目执行。

1. 检修项目

（1）大修项目。

1）吊出器身的检修。

2）绕组、引线的检修。

3）铁芯、铁芯紧固件、压钉、连接片及接地片的检修。

4）油箱及附件的检修，包括套管、吸湿器等的检修。

5）分接开关的检修。

6）全部密封胶垫的更换和组件试漏。

7）必要时对器身绝缘进行干燥处理。

8) 变压器油的处理或换油。

9) 安全保护装置的检修。

(2) 小修项目。

1) 处理已发现的缺陷。

2) 调整油位。

3) 检查安全保护装置：压力释放阀（安全气道）。

4) 检查接地系统。

5) 检查全部密封状态，处理渗漏油。

6) 清扫油箱和附件，必要时进行补漆。

7) 清扫外绝缘和检查导电接头。

8) 按有关规程规定进行测量和试验。

2. 油浸式配电变压器 C 级检修标准

油浸式配电变压器 C 级检修标准见表 1-7。

表 1-7　　　　　　　　　油浸式配电变压器 C 级检修标准

部件	状态变化因素	注意状态	异常状态	重大异常状态
绕组及套管	直流电阻（包括分接开关接触不良）超差	提前安排 C 级检修	（1）适时安排 C 级检修。（2）必要时需做好诊断性试验项目	（1）及时安排相应等级的检修。（2）必要时立即停电安排相应等级的检修或更换
	绝缘电阻低	提前安排 C 级检修	（1）适时安排 C 级或 B 级检修。（2）必要时需做好诊断性试验项目	（1）及时安排相应等级的检修。（2）必要时立即停电安排相应等级的检修或更换
	交流耐压交接试验未做或预试不合格	提前安排 C 级检修		立即停电安排相应等级的检修或更换
	负载率高	加强监视	适时切割负荷或更换	立即切割负荷或更换
	三相不平衡率高	加强监视，进行负荷平衡		
	（1）接头温度过高。（2）温升异常	缩短红外测温跟踪周期	及时进行红外测温跟踪，适时安排停电检修	及时进行红外测温跟踪，限期安排停电检修，必要时立即停电检修
	外绝缘抗污能力差	缩短巡视周期，必要时停电清扫	限期检修（清扫或采取防污措施或更换）	立即检修（清扫或采取防污措施或更换）

部件	状态变化因素	注意状态	异常状态	重大异常状态
分接开关	分接开关操作不灵活	提前安排停电检修		
油箱	整体密封件老化	加强巡视，提前安排停电检修	整体密封件更换，安排 A 级检修	
	个别部位严重漏油		限期处理，安排 B 级检修	
	油位异常	加强巡视，提前安排停电检修	限期安排停电检修	
	变压器台架对地距离不足			立即安排检修处理
	呼吸器硅胶颜色变色	提前安排停电检修		
接地	接地电阻及接地引下线等不符合要求	加强巡视，提前安排检修	限期处理	
绝缘油	绝缘油耐压不合格		限期处理	

1.7 反事故技术措施

油浸式配电变压器反事故技术措施对变压器安全稳定运行有着重要作用，有助于提升配网系统的安全稳定。

1.7.1 变压器绝缘击穿事故的预防措施

1. 防止水分及空气进入变压器

（1）变压器本体及冷却系统各连接部位的密封性，是防止渗油、进潮的关键。这些部位的金属部件尺寸应正确，密封面应平整光洁。密封垫应采用优质耐油橡胶或其他材料，禁止使用过期失效或性能不明的胶垫。

（2）呼吸器的油封应注意加油和维修，切实保证畅通。干燥剂应保持干燥。

（3）变压器投入运行前要特别注意排除内部空气。

2. 防止绝缘受伤

（1）变压器在安装时应防止绝缘受伤，在安装变压器套管应注意勿使引线扭结，勿过分用力吊拉引线而使引线根部和线圈绝缘损伤；如引线过长或过短应予处理；检修时严禁蹬踩引线和绝缘支架，防止碰拉引线导致改变引线间距离，严禁用力抓扯引线。

（2）安装或检修更换绝缘部件时，必须采用试验合格的材料和部件，并经干燥处理。

（3）防止线圈温度过高，绝缘劣化或烧坏。

1.7.2　套管闪络及爆炸事故的预防措施

（1）结合停电对套管进行清扫，保持清洁，防止污闪和大雨时的闪络。在严重污秽环境运行的变压器，可考虑采取加强防污型套管或涂防污涂料的措施。

（2）运行、检修中应该注意检查引出线端子的发热情况并定期用红外线检测，防止因接触不良或引线过热引起套管爆炸。

1.7.3　引线事故的预防措施

（1）各引线头应焊接良好，对套管及分接开关的引线接头如发现缺陷要及时处理。

（2）在线圈下面水平排列的裸露引线应全包绝缘，以防止杂物引起短路。

（3）变压器的套管导杆上引线两侧的螺母应防止松动。

1.7.4　变压器过载运行的预防措施

（1）变压器应按规定的周期进行负荷测试，记录各相电流，掌握负载情况，测量时间应在负荷高峰时。

（2）不应过负荷运行，应力求经济运行，最大负荷电流不宜低于额定电流的60%。

（3）季节性用电的专用变压器，应在无负荷季节停止运行。

（4）对于有负荷控制的终端变压器，应定期对实测数据分析，专人管理。

（5）油浸式配电变压器的三相负荷应力求平衡，不平衡度不应大于15%。

1.8　常见故障原因分析、判断及处理

油浸式配电变压器是电力系统中十分重要的供电元件，它的故障将对供电可靠性和系统的正常运行带来严重的影响。油浸式配电变压器的常见故障种类多种多样，只有充分了解油浸式配电变压器的实际运行状态，运用各种诊断方法才能提高诊断故障的准确性。本节对常见故障的现象、处理方法和案例进行介绍。

1.8.1　油浸式配电变压器的常见故障

1.绕组故障

绕组故障主要有匝间短路、相间短路、绕组接地、断线等故障，因为油箱内故障时产生的电弧将引起绝缘物质的剧烈汽化，从而可能引起爆炸。当出现绕组故障时，一般都会出现变压器过热、油温升高、音响中夹有爆炸声或"咕嘟咕嘟"的冒泡声等故障现象。

处理方法：当出现故障时，应根据故障现象、负荷情况及变压器检修情况等对故障类型作出准确判断，并及时停电进行检修。

2.绝缘套管故障

常见的是炸毁、闪络、漏油、套管间放电等现象。

处理方法：在大雾或小雨时造成污闪，应清理套管表面的脏污，再涂上硅油或硅脂等涂料；变压器套管有裂纹引起闪络接地时，应清扫套管表面或更换套管；变压器套管间放

电，应检查并清扫套管间的杂物。

3. 变压器渗漏油故障

变压器渗漏油的部位大部分是在油箱与零部件连接处。渗漏主要原因是油箱与零部件连接处密封不良，装配过程中螺丝紧固不当、密封垫选材不够好、焊件或铸件存在缺陷、密封垫老化等。此外内部故障使油温升高，油的体积膨胀，也会发生漏油。另外运行中额外负荷重或受到振动等都会导致变压器渗漏油。一般情况下，少量渗漏会造成器身表面脏污，对变压器运行造不成太大影响。但如果巡检时间过长，一旦造成油面过低，将造成铁芯、绕组暴露在空气中受潮而引发事故。

处理方法：正常时的油位上升或下降是由温度变化造成的，变化不会太大。当油位下降显著，甚至从油位计中看不见油位，则可能是因为变压器出现了漏油、渗油现象。变压器运行中渗漏油现象比较普遍，但如果油位在规定的范围内，仍可继续运行或安排计划检修。

4. 变压器声音异常故障

正常运行时，变压器没有异味，发出均匀的"嗡嗡"声。如果产生不均匀响声或其他响声，都属不正常现象，不同的声响预示着不同的故障现象。具体故障类型见表 1 - 8。

表 1 - 8　　　　　　　　　　　油浸式配电变压器故障类型

声音类型	故障类型
沉重的"嗡嗡"声	严重的过负荷
"咕嘟咕嘟"的开水沸腾声	变压器绕组发生层间或匝间短路而烧坏，使其附近的零件严重发热
开水沸腾声夹有爆裂声，既大又不均匀	变压器本身绝缘有击穿现象
通过液体沉闷的"噼啪"声	导体通过变压器油面对外壳的放电
有连续的、有规律的撞击或摩擦声时	变压器的某些部件因铁芯振动而造成机械接触
"叮叮当当"的敲击声、"呼呼"的吹风声以及"吱啦吱啦"的像磁铁吸动小垫片的响声，声响较大而嘈杂时	变压器铁芯有问题，例如铁芯叠片有松散现象、铁芯叠片和接地铜片未夹紧、穿芯螺杆绝缘破裂或过热碳化、铁质夹件夹紧位置不当，碰到铁芯、器身，或金属异物落在铁芯上，夹件或压紧铁芯的螺钉松动，铁芯上遗留有螺帽零件或变压器中掉入小金属物件
"啾啾"响声	分接开关不到位
轻微的"吱吱"火花放电声	分接开关接触不良

（1）"吱吱"声。当分接开关调压之后，响声加重，以双臂电桥测试其直流电阻值，均超过出厂原始数据的 2%，属接触不良，系触头有污垢而引起的。

处理方法：旋开分接开关的风雨罩，卸下锁紧螺丝，用扳手把分接开关的轴左右往复旋转 10～15 次，即可消除这种现象。修后立即装配还原。终端杆引至跌落式熔断器的引下线采用裸铝或裸铜绞线，但张力不够，再加上瓷瓶扎线松弛所致。

（2）在黄昏和黎明时可见小火花发出"吱吱"声，这与变压器内部发出的"吱吱"声有明显区别。

处理方法：利用节假日安排停电检修，将故障排除。

（3）"噼啪"的清脆击铁声。这是高压瓷套管引线通过空气对变压器外壳的放电声，是变压器油箱上部缺油所致。

处理方法：将清洁干燥的漏斗从注油器孔插入油枕里，加入经试验合格的同号变压器油（不能混油使用），补油量加至油面线温度+20℃为宜，然后上好注油器。否则，油受热膨胀会产生溢油现象。如条件允许，应采用真空注油法以排除线圈中的气泡。对未用干燥剂的变压器，应检查注油器内的排气孔是否畅通无阻，以确保安全运行。

（4）出现"吱啦吱啦"的如磁铁吸动小垫片的响声，而变压器的监视装置、电压表、电流表、温度计的指示值均属正常。这往往是由于新组装或吊芯检修时的疏忽大意，没将螺钉或铁垫上紧或掉入小号铁质部件，在电磁力作用下所致。

处理方法：待变压器吊芯检修时加以排除。

5. 变压器着火故障

变压器着火或变压器发生爆炸。

处理方法：发生这类故障时，应先将变压器两侧电源断开，然后再进行灭火。变压器灭火应选用绝缘性能较好的气体灭火器或干粉灭火器，必要时可使用砂子灭火。

6. 分接开关故障

分接开关故障见表1-9。

表1-9　　　　　　　　　　　分 接 开 关 故 障

故障现象	故障原因	排除方法	备注
分接开关接触不良、触头烧损、触头之间短路或对地放电	（1）结构与安装上存在缺陷，如弹簧压力不够、接触不可靠，使引线与开关紧固不良。 （2）运行维护不良，开关触头结垢，进水受潮。 （3）操作不当，开关没有置于正确位置	（1）吊芯检查，如开关触头仅发生过热（接触不良或轻微弧迹），可拆下检修后复用。 （2）如烧伤严重或触头之间或对地放电，应更换新开关。 （3）如触头之间或对地放电，一般可能引起高压线圈调压段匝变形，严重的应检修线圈或重新绕制线圈	（1）测量不同分接头直流电阻。如果完全不通，是开关完全损坏；某分接头直流电阻不平衡，是触头个别烧毁。 （2）由于过热或电弧，绝缘油焦烟气味较重

7. 绝缘油劣化

绝缘油起着绝缘、散热、消弧等重要作用，但是变压器运行中，绝缘油有可能与空气接触，逐渐吸收空气中的水分。绝缘油内只要含有水分，其绝缘性能就会降低，容易造成击穿和闪络，甚至造成事故。另外，实验证明绝缘油在60～70℃时即开始氧化，但很少发生变质。但当温度达到120℃时，氧化剧烈，变质加剧。所以在运行中应加强对油的管理，注意以下几点：①监视上层油温不得超过95℃，一般不宜长时间超过85℃；②减少绝缘油和空气的接触，预防水分渗入。

处理方法：运行时发现变压器温度异常，应先查明原因后，再采取相应的措施予以排除，把温度降下来。如果是变压器内部故障引起的，应停止运行，进行检修。

8. 接头过热故障

接头是变压器本身及其联系电网的重要组成部分，接头连接不好，将引起发热甚至烧断，严重影响变压器的正常运行和电网的安全供电。因此，接头过热问题一定要及时解决。

处理方法：将对接面加工成平面，清除平面上的杂质，应均匀地涂上导电膏，确保连接良好。

1.8.2 油浸式配电变压器故障的基本判断方法

（1）通过五官初步检查。用眼看：变压器安全部件完好程度，油颜色，放电痕迹，各种仪表指示是否正常等。用耳听：变压器运行声音是否正常。用鼻闻：有没有异味。

（2）借助仪表深入检查。

1）绝缘电阻的测量。测量绝缘电阻是判断绕组绝缘状况的比较简单而有效的方法。油浸式配电变压器一般采用 2500V 的绝缘电阻表测量。

2）直流电阻的测量。测量分接开关处于不同挡位时的高压绕组电阻值。

1.8.3 案例分析

1. 油浸式配电变压器铁芯故障

在对油浸式配电变压器巡视过程中，发现运行中的某油浸式配电变压器发出异常声响，用合格绝缘杆或干木棍一头抵在变压器外壳上，一头放于耳边，仔细倾听，发现变压器发出连续的嗡嗡声比平常加重。经测试，变压器二次电压和油温正常，并且负荷没有突变现象。综合这些现象，初步断定变压器内部铁芯可能松动。因为运行中的变压器出现故障时，通常都伴有异常声响。当声响中夹有爆炸声时，可能是变压器的内部有绝缘击穿现象；当声响中夹有放电声时，可能是套管发生闪络放电；只有变压器内部铁芯松动时，才会出现连续的嗡嗡声比平常加重，并且电压和油温正常还指示正常的现象。所以应停止变压器的运行，进行测试、检修。

2. 油浸式配电变压器漏油故障

对油浸式配电变压器巡视过程中，发现运行中的某油浸式配电变压器发生漏油。对变压器停电处理，发现法兰连接处渗漏油，法兰表面不平，紧固螺栓松动，安装工艺不正确，使螺栓紧固不好，从而造成渗漏油。先将松动的螺栓进行紧固后，再对法兰实施密封处理。

3. 油浸式配电变压器过载

某小区由于季节变化形成用电高峰，使变压器过载运行，长时间的过载运行造成变压器内部各部件、线圈、绝缘油老化导致变压器烧毁。

4. 检修不当故障

检修人员在某小区油浸式配电变压器紧固变压器引线螺帽时，由于方式不当导致螺杆跟着转动，导致变压器内部高压绕组引线扭断。检修人员在检修工作中应严格遵照检修工艺规程及相关标准，防止相关事故发生。

第2章 干式配电变压器

2.1 基 础 知 识

2.1.1 基本概念

干式配电变压器广泛用于局部照明、高层建筑、机场、码头 CNC 机械设备等场所，简单地说干式配电变压器就是指铁芯和绕组不浸渍在绝缘油中的变压器。

干式配电变压器一般为额定容量在 20000kVA 及以下、电压等级在 35kV 及以下的无励磁调压和有载调压配电变压器。

冷却方式有空气自冷（AN）和强迫风冷（AF）两种，要求变压器必须具有良好的通风能力。当变压器安装在地下室或其他通风能力较差的环境时，需增设散热通风装置，通风量按每 1kW 损耗 $4m^3/min$ 风量选取。

2.1.2 干式配电变压器的使用场所

干式配电变压器的选用应根据负荷状况、工程特点、场所环境、发展规划等因素，合理确定容量和台数，适用于下列情况：

（1）在防火要求较高的场所、人员密集的重要建筑物内（如地铁、高层建筑、剧院、商场、候机大楼等）和企业主体车间的无油化配电装置中（如电厂、钢厂、石化等），应选用干式配电变压器。

（2）当场地较小时，如技术经济指标合理，宜选用干式配电变压器。

（3）计及初期投资和油浸电力变压器附设的排油设施、防爆隔墙、废油处理，以及运行维护和损耗等费用，经技术经济比较确认合理时，宜选用干式配电变压器。

（4）与居民住宅连体的配电站和无独立变压器室的配电站，宜选用干式配电变压器。

（5）难以解决油浸电力变压器事故排油造成环境污染的场所，可选用干式配电变压器。

（6）在与重要建筑物防火间距不够的户外箱式变电站内，可选用干式配电变压器。

2.1.3 分类

根据绕组的绝缘材料可分为以下几类：

（1）浸渍空气绝缘干式配电变压器。目前使用很少。绕组导线绝缘、绝缘结构材料根据需要选用不同耐热等级的绝缘材料，制成 B 级、F 级和 H 级绝缘干式配电变压器。

（2）环氧树脂浇注干式配电变压器。采用的绝缘材料有聚酯树脂和环氧树脂。目前浇注绝缘干式配电变压器多采用环氧树脂。

（3）绕包绝缘干式配电变压器。绕包绝缘干式配电变压器也是树脂绝缘的一种，目前生产厂家较少。

（4）复合式绝缘干式配电变压器。又分为两类：

1）高压绕组采用浇注方式，低压绕组采用浸渍绝缘方式。

2）高压绕组采用浇注方式，低压绕组采用箔式绕组方式。

2.1.4 型号及含义

干式配电变压器型号及含义如图 2-1 所示。

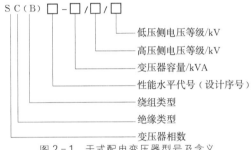

图 2-1 干式配电变压器型号及含义

变压器型号中：S 代表三相变压器；D 代表单相变压器。绝缘类型中：C 代表树脂绝缘；G 代表空气。绕组类型中：B 代表箔式绕组；L 代表铝绕组；R 代表缠绕式绕组。

例如 SC（B）10-1000/10/0.4 含义是三相变压器，树脂绝缘，箔式绕组，容量为1000kVA，"10"是厂家设计序号，高压侧额定电压 10kV，低压侧额定电压 0.4kV。

2.1.5 特点

（1）干式配电变压器可以避免由于运行中发生故障而导致的因变压器油引起的火灾和爆炸危险。由于干式配电变压器绝缘材料均为难燃材料，即使运行中变压器发生故障而引发火灾或有外来火源，也不会使火灾的灾情扩大。

（2）干式配电变压器不会像油浸式变压器那样存在渗漏油问题，更无变压器油老化等问题，通常干式配电变压器运行维护和检修工作量相对少，甚至可以免维修。

（3）干式配电变压器一般为户内式装置，对特殊要求的场所也可制成为户外式，它可以和开关柜安装于同一室内，以减少安装面积。

（4）干式配电变压器由于无油，故其所属附件也少，无储油柜、安全气道和大量的阀门等部件，无密封等问题。

（5）干式配电变压器相对于油浸式配电变压器，有价格较高、噪声大、防潮防尘性能较差等缺点。

2.2 结 构

无论是哪种干式配电变压器，其基本结构都是相同的，如图 2-2 所示。

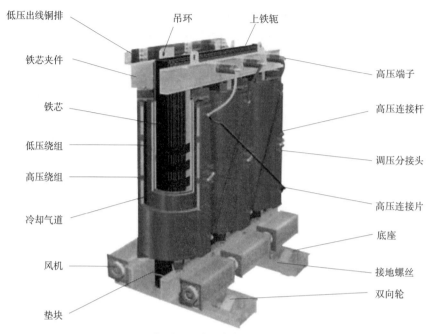

图 2-2　干式配电变压器结构

1. 铁芯

铁芯由芯柱，上、下铁轭，上、下夹件，穿芯螺杆，拉板组成，如图 2-3 所示。

图 2-3　干式配电变压器铁芯

2. 绕组

高压绕组一般采用多层圆筒式或多层分段式结构。

低压绕组一般采用层式或箔式结构。

3. 温度控制系统

干式配电变压器的安全运行和使用寿命，很大程度上取决于变压器绕组绝缘是否安全可靠。绕组温度超过绝缘耐受温度造成的绝缘破坏，是导致变压器不能正常工作的主要原因之一，因此对变压器运行温度的监测及其报警控制是十分重要的。

以 LD-B10 系列干式配电变压器温度控制器为例，如图 2-4 所示。

图 2-4 温度控制器

温度控制器由 Pt100 温度监测系统和 PTC 测控系统两部分组成。Pt100 温度监测系统以单片机作为中央处理单元，配合其他电路完成温度的测量、显示及相应信号输出，并与 PTC 测控系统共同完成各种报警、控制和信号的输出。

Pt100 温度监测系统中，由预埋在干式配电变压器三相绕组中三只铂热电阻传感器（Pt100）产生与绕组温度值相应的电阻信号，经多路开关、滤波、放大和模数转换后输入单片机。单片机根据输入的测量数据以及由外部设定（包括厂家与用户）的各种控制参数，经过计算与处理，显示被测量绕组的温度值并输出相应的控制信号。

PTC 测控系统中，利用 PTC 电阻温度的突变特性对超温跳闸（150℃ PTC）和超温报警（140℃ PTC）进行二次监测。

4. 调压分接头

调挡应根据厂家说明要求进行调整，以对电压为（10000±2×2.5%）V 的变压器为例，其铭牌电压见表 2-1。

表 2-1　　　　　　　　（10000±2×2.5%）V 变压器铭牌电压

Ⅰ挡	Ⅱ挡	Ⅲ挡	Ⅳ挡	Ⅴ挡
2-3	3-4	4-5	5-6	6-7
10500V	10250V	10000V	9750V	9500V

干式配电变压器调压分接头连接形式如图2-5所示。

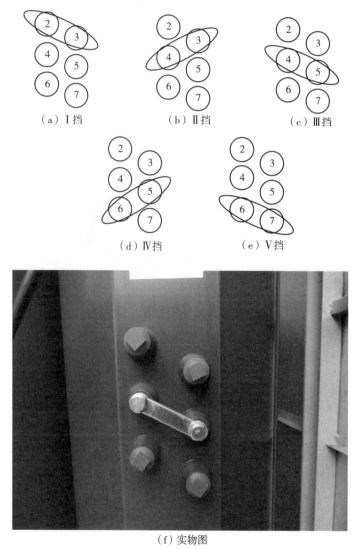

（a）Ⅰ挡　　　　　　（b）Ⅱ挡　　　　　　（c）Ⅲ挡

（d）Ⅳ挡　　　　　　（e）Ⅴ挡

（f）实物图

图2-5　干式配电变压器调压分接头

2.3　安装验收标准

2.3.1　验收准备

1. 工作前准备

（1）变压器安装施工图手续齐全。

（2）应了解设计选用的变压器性能、结构特点及相关技术参数等。

2. 设备及材料要求

（1）变压器规格、型号、容量应符合设计要求。其附件、备件齐全，并应有设备的相关技术资料文件，以及产品出厂合格证。设备应装有铭牌，铭牌上应注明制造厂名，额定容量，一次、二次额定电压、电流、阻抗，以及接线组别等技术数据。

（2）辅助材料。电焊条、防锈漆、调和漆等均应符合设计要求，并有产品合格证。

3. 作业条件

（1）变压器室内、墙面、屋顶、地面工程、受电后无法进行再装饰的工程以及影响运行安全的项目等应施工完毕，屋顶防水无渗漏，门窗及玻璃安装完好，地坪抹光工作结束，室内外场地平整，设备基础按工艺配制图施工完毕。

（2）预埋件、预留孔洞等均已清理并调整至符合设计要求。

（3）保护性网门、栏杆等安全设施齐全，通风、消防设置安装完毕。

（4）与电力变压器安装有关的建筑物、构筑物的建筑工程质量应符合现行建筑工程施工及验收规范的规定。当设备及设计有特殊要求时，应符合其他要求。

2.3.2　开箱检查

（1）变压器开箱检查人员应由建设单位、监理单位、施工安装单位、供货单位代表组成，共同对设备开箱检查，并做好记录。

（2）开箱检查应根据施工图、设备技术资料文件、设备及附件清单，检查变压器及附件的规格型号、数量是否符合设计要求，部件是否齐全，有无损坏丢失。

（3）按照随箱清单清点变压器的安装图纸、使用说明书、产品出厂试验报告、出厂合格证书、箱内设备及附件的数量等，与设备相关的技术资料文件均应齐全。同时设备上应设置铭牌，并登记造册。

（4）被检验的变压器及设备附件均应符合有关规范的规定。变压器应无机械损伤和裂纹、变形等缺陷，油漆应完好无损。变压器高压、低压绝缘瓷件应完整无损伤、无裂纹等。

2.3.3　变压器及相关设备安装

1. 变压器型钢基础的安装

（1）型钢金属构架的几何尺寸应符合设计基础配制图的要求与规定。

（2）基础构架与接地扁钢连接不宜少于2个端点，在基础型钢构架的两端，用不小于60mm×6mm的扁钢焊接，焊接扁钢时，焊缝长度应为扁钢宽度的2倍，焊接三个棱边，焊完后去除氧化皮，焊缝应均匀牢靠，焊接处做防腐处理后再刷两遍灰面漆。如果焊接的是接地圆钢，则圆钢的直径不得小于12mm。

2. 变压器本体安装

（1）变压器安装可根据现场实际情况进行，如变压器室在首层则可直接吊装进室内；如果在地下室，可采用预留孔吊装变压器或预留通道运至室内就位到基础上。

（2）变压器就位时，应按设计要求的方位和距墙尺寸就位，横向距墙不应小于800mm，距门不应小于1000mm，并应适当考虑推进方向，开关操作方向应留有1200mm以上的净距。

3. 变压器附件安装

（1）干式配电变压器一次元件应按产品说明书位置安装，二次仪表装在便于观测的变压器护网栏上。软管不得有压扁或死弯，富余部分应盘圈并固定在温度计附近。

（2）干式配电变压器的电阻温度计，一次元件应预装在变压器内，二次仪表应安装在控制屏上。温度补偿导线应符合仪表要求，并加以适当的附加温度补偿电阻，校验调试合格后方可使用。

4. 电压切换装置的安装

（1）变压器电压切换装置各分接点与线圈的连接线压接正确，牢固可靠，其接触面接触紧密良好。切换电压时，转动触点停留位置正确，并与指示位置一致。

（2）有载调压切换装置的控制箱，一般应安装在值班室或操纵台上，联线正确无误，并应调整好，手动、自动工作正常，挡位指示正确。

5. 变压器联线

（1）变压器的一次、二次引线，地线，控制管线均应符合现行国家施工验收规范规定。

（2）变压器的一次、二次引线连接不应使变压器的套管直接受力，容量较大的二次侧应使用软连接。

（3）变压器低压绕组中性线在中性点处与外壳接地线同接在一起，并应分别敷设，中性线宜用绝缘导线，外壳地线宜采用黄绿相间的双色绝缘导线（截面面积应与相线一致）。

6. 无功补偿

无功补偿应根据就地平衡和便于调整电压的原则进行配置，采取分散补偿和集中补偿相结合的方式。可分别选取在 10（20）kV 线路、配电变压器低压侧、低压线路、用电设备等处装设无功补偿装置。

功率因数要求如下：

（1）县级供电企业年平均功率因数在 0.9 及以上。

（2）每条 10（20）kV 出线功率因数在 0.9 及以上。

（3）配电变压器二次侧功率因数在 0.9 及以上。

（4）农业用户配电变压器低压侧功率因数在 0.85 及以上。

2.3.4 变压器调试送电运行

1. 变压器交接试验内容

测量线圈与套管的总直流电阻，检查所有分接头的变压比及三相变压器的联结组标号，测量线圈与套管的总绝缘电阻，线圈与套管一起做交流耐压试验，试验全部合格后方可使用。

2. 变压器送电前的检查

（1）变压器试运行前应做全面检查，确认各种试验单据齐全，数据真实可靠，变压器一次、二次引线相位、相色正确，接地线等压接接触截面符合设计和国家现行规范规定。

（2）变压器应清理，擦拭干净。顶盖上无遗留杂物，本体及附件无缺损。通风设施安装完毕，工作正常。消防设施齐备。

（3）变压器的分接头位置处于正常电压挡位。保护装置整定值符合规定要求，操作及联动试验正常。

3. 变压器空载调试运行

变压器投入运行，则应进行变压器空载投入冲击试验。即变压器不带负荷投入，所有负荷侧开关应全部拉开。试验程序如下：

（1）全电压冲击合闸，高压侧投入，低压侧全部断开，受电持续时间应不少于10min，经检查应无异常。

（2）变压器受电无异常，每隔5min进行冲击一次。对于容量在630MVA以上的干式配电变压器，应连续进行全电压3次冲击合闸，励磁涌流不应引起保护装置误动作，最后一次进行空载运行。

（3）变压器全电压冲击试验是检验其绝缘性能和保护装置是否良好的方法之一。试验时应注意中性点接地变压器在进行冲击合闸前其中性点必须接地，否则冲击合闸时，将造成变压器损坏。

（4）变压器空载运行的检查方法。主要是听声音辨别变压器空载运行情况，正常时发出嗡嗡声；有以下几种情况发生时设备可能存在异常：声音比较大而均匀时，可能是外加电压偏高；声音比较大而嘈杂时，可能是芯部有松动；有"滋滋"放电声音时可能是套管有表面闪络，应严加注意，并应查出原因及时进行处理，或是更换变压器。

（5）做冲击试验时应注意观测冲击电流，空载电流，一次、二次侧电压，变压器温度等，做好详细记录。

2.3.5 运行维护

（1）变压器就位后，应采取有效保护措施，防止铁件及杂物掉入线圈绕组间，并应保持器身清洁干净。

（2）停电作业时操作人员不得蹬踩变压器，应避免工具、材料掉下砸伤变压器。

（3）对安装的电气管线及其支架应注意保护，不得碰撞损伤。

（4）避免在变压器上方进行电气焊操作，如需进行电气焊操作，应做好遮挡防护，防止焊渣掉下，损伤设备。

2.4 状态检修

1. 检修分类

干式配电变压器的检修工作分停电检修和不停电检修，停电检修分为A级、B级、C级，不停电检修分为D级、E级。

（1）A级检修。指整体性检修，对变压器进行较全面的解体（变压器更换）、检查、修理及修后试验，以恢复设备性能。

（2）B级检修。指局部性检修，对变压器部分功能部件进行分解、检查、修理、更换及修后试验，以恢复设备性能。

（3）C级检修。指一般性检修，对变压器在停电状态下进行预防性试验，一般性消缺、检查、维护和清扫，以保持及变压器的正常性能。

（4）D级检修。指维护性检修，对变压器在不停电状态下进行带电测试和设备外观检查、维护、保养，以保证变压器正常的功能。

（5）E级检修。指变压器带电情况下的检修、消缺、维护。

2. 状态评价

干式配电变压器状态评价以台为单位，包括绕组及套管、分接开关、冷却系统、非电量保护、接地、绝缘油等部件。各部件的范围划分见表 2-2。

表 2-2　　　　　　　　　　　配电变压器各部件的范围划分

部件	评 价 范 围
绕组及套管 P1	高压绕组、低压绕组及出线套管、外部连接
分接开关 P2	无载分接开关
冷却系统 P3	风机、温控装置
非电量保护 P4	气体继电器、温度计
接地 P5	接地引下线、接地体外观及接地电阻

干式配电变压器的评价内容分为绝缘性能、直流电阻、温度、机械特性、外观、负荷情况、接地电阻。各部件的评价内容见表 2-3。

表 2-3　　　　　　　　　干式配电变压器各部件的评价内容

部件	绝缘性能	直流电阻	温度	机械特性	外观	负荷情况	接地电阻
绕组及套管 P1	√	√	√		√	√	
分接开关 P2		√		√	√		
冷却系统 P3			√	√	√	√	
非电量保护 P4	√				√		
接地 P5					√		√

干式配电变压器评价内容包含的状态量见表 2-4。

表 2-4　　　　　　　　　　评价内容包含的状态量

评价内容	状 态 量
绝缘性能	绕组、器身及套管绝缘电阻，交流耐压试验，非电量保护装置绝缘
直流电阻	绕组直流电阻
温度	接头温度、干变器身温度、温控装置性能
机械特性	风机动作情况、分接开关动作情况
负荷情况	负载率、三相不平衡率
外观	套管外绝缘抗污能力水平、密封、油漆、散热片、接地引下线
接地电阻	接地体的接地电阻

干式配电变压器各部件的最大扣分值为 40 分，权重见表 2-5。

表 2-5　　　　　　　　　　　　　　　　各部件权重

部件	绕组及套管	分接开关	冷却系统	非电量保护	接地
部件代号	P1	P2	P3	P4	P5
权重代号	K1	K2	K3	K4	K5
权　重	0.4	0.1	0.3	0.10	0.10

干式配电变压器的状态量以查阅资料、停电试验、带电检测、巡视检查和在线监测等方式获取。

当下述状态量达到最大扣分值时，不再对该变压器进行评估而直接进入缺陷处理程序：①绕组直流电阻；②接头温度；③负荷情况。

干式配电变压器状态评价以量化的方式进行，各部件起评分为 100 分。干式配电变压器的状态量和最大扣分值见表 2-6。

表 2-6　　　　　　　　　　　　10kV 变压器的状态量和最大扣分值

序号	状态量名称	部件代号	最大扣分值
1	直流电阻	P1	40
2	绕组、器身及套管绝缘电阻	P1	40
3	交流耐压试验	P1	40
4	接头温度	P1	40
5	负载率	P1	40
6	套管外绝缘抗污能力水平	P1	40
7	干变器身温度	P1	30
8	三相不平衡率	P1	20
9	分接开关性能	P2	15
10	温控装置性能	P3	20
11	风机运行情况	P3	15
12	非电量保护装置绝缘	P4	30
13	接地电阻及接地引下线等	P5	30

注　当一个状态量对应多个部件时，应分析最可能引起状态量变化的原因，然后确定应该扣分的部件。

3. 评价结果

$$某一部件的最后得分 = MP \cdot KF \cdot KT$$

其中

$$MP = 100 - 相应部件的扣分总和$$

$$KT = 100 - 该部件的运行年数$$

式中　MP——某一部件的基础得分；

KF——家族性缺陷系数，对存在家族性缺陷的部件，取 $KF = 0.95$；

KT——寿命系数。

各部件的评价结果按量化分值的大小分为"正常状态""注意状态""异常状态"和"严重状态"四个状态。分值与状态的关系见表 2-7。

（1）当配电设备所有部件的得分在"正常状态"及以上时，配电设备的最后得分按以下方法计算：

$$配电设备的最后得分＝\sum KP \cdot MP$$

（2）当配电设备所有部件中有一个得分在"注意状态"及以下时，最后得分按得分最低的部件计算。

表 2－7 变压器部件评价分值与状态的关系

部件	<85～100	<75～85	<60～75	≤60
绕组及套管	正常状态	注意状态	异常状态	重大异常状态
分接开关	正常状态	注意状态		
冷却系统	正常状态	注意状态		
非电量保护	正常状态	注意状态	异常状态	
接地	正常状态	注意状态	异常状态	

4．停电检修周期调整的原则

（1）正常状态设备。正常状态的设备，C级检修可按基准周期推迟1～2个年度执行。

（2）注意状态设备。注意状态设备的C级检修宜按基准周期适当提前安排。

（3）异常状态设备。异常状态设备的停电检修应按具体情况适时安排。

（4）严重状态设备。严重状态设备的停电检修应按具体情况及时安排，必要时立即安排。

2.5 巡 检 项 目 及 要 求

2.5.1 定期检查项目

为保证干式配电变压器的正常运行，每隔一段时间要进行一次停电检查，主要是对日常检查不到的通电部分进行详细检查，确认有无异常。运行后第一次检查时应掌握该设备状态，以便建立以后的检查计划，一般情况下应每年至少检查一次。定期检查项目参见表2－8。

表 2－8 定 期 检 查 项 目

检查部位	检查项目	检查要点
浇注线圈、铁芯、风道等	（1）有无尘埃堆积。 （2）有无生锈	（1）尘埃堆积明显时，用干燥的压缩空气吹拂，或用真空吸尘扫除机清扫。 （2）铁芯和套管表面应用布经常擦拭，但要注意不要碰伤线圈和绝缘件表面。检查铁芯夹件和螺栓部分有无锈蚀
温控器	最高温度	记录曾经出现过的最高温度，并拨回最高温度的指示针
温湿器	准确度	检查准确度，如出现不合格项，应查明原因后修理
引线、分接头及其他导电部位	过热、紧固松弛	检查引线连接、分接头接点及其他导电部分有无过热生锈，紧固部位有无松弛（过热是因为接触面积减少、接触面积腐蚀、接触压力不足等引起的，因此应查明原因后处理）

检查部位	检查项目	检查要点
风冷装置	风冷装置、电动机和风机轴承	对冷却装置各部位进行检查,如使用断风报警装置时,应确认其指示值
线圈压紧	松动检查	查明紧固部分是否有松动,如有松动应立即加固,重新加固防止转动的锁脱扣
绝缘	绝缘老化判定	检查浇注树脂有无脱层、变色、龟裂等。有异常时,可与制造厂联系。清扫后测绝缘电阻,未达到要求时应进行干燥,如有问题与制造厂联系

2.5.2 特殊情况下的加查

以下几种特殊情况下增加巡视检查次数:
(1) 新设备或经过检修、改造的干式配电变压器投运 72h 内。
(2) 有严重缺陷时。
(3) 气象突变时(如大风、大雾、大雪、冰雹等)。
(4) 雷雨季节特别是雷雨后。
(5) 高温季节、高峰负载期间。
(6) 干式配电变压器超载运行时。
(7) 其他需要增加的巡检次数的情况。

2.5.3 日常检查项目

日常维护保养主要是在运行中从外观进行检查,确认干式配电变压器运行状态。如果出现事故症状,应及早发现以避免扩大。无人值班干式配电变压器的检查周期和次数按现场运行规程执行。日常检查项目见表 2-9。

表 2-9 日常检查项目

检查项目	检查要点	措施
运行状况	电压、电流、负荷、功率因数、环境温度有无异常	及时记录各种上限值,发现异常要查明原因,原因不明的应与制造厂联系
变压器温度	(1) 分别记录温控器和温湿器的温湿度示值。温度通常从铁芯和低压线圈测定,若制造厂进行过温升试验,还需要参照制造厂的试验记录。 (2) 与油浸变压器的油温不同,即使在空载状态下。只要对铁芯圈度有影响的数据都要记录下来,因为它表面部分温度附加在铁芯上,因而整体温升与负载电流的增加不成正比	(1) 在温度异常时,测温仪器本身必须确保准确。因为干式配电变压器温度不仅影响干式配电变压器的寿命,有时还会中止运行,因此应特别注意监视;通常在干式配电变压器上同时安装刻度温度计和电阻式温度计,以此比较。 (2) 发现温度计失灵应及时修理或更换新的。 (3) 空气过滤堵塞造成冷却风扇风量减少、温度异常时,应立即清扫

检查项目	检查要点	措施
异常噪声、异常振动	（1）外壳内有无共振声，铁板有无共振声。 （2）有无接地不良引起的放电声。 （3）附件有无异常声及异常振动	从外部能直接检测出共振或异常噪声时，应立即处理；变压器主体有放电声及异常响声时，应立即切换、临时检查，根据需要与制造厂联系
风冷装置	除声音外、确认有无振动和异常温度	附件有过热和异常时，应分解修理并可根据需要与制造厂联系
引线接头、电缆、母线	根据示温涂料变色和油漆，判断引线接头、电缆、母线有无过热	有异常时，应退出运行做检查，并修理
分接开关、触头或接触槽头	有无过热、电源指示有无不正常	有异常时，应退出运行做检查，并修理
线圈铁芯等污染情况	浇注线圈是否附着有脏物，铁芯、套管上是否有污染	有异常时应及时清扫
异味	温度异常高时，附着的脏物或绝缘件是否烧焦，发出臭味	有异常时应及时清扫
绝缘件、线圈外观	绝缘件和浇注线圈表面有无炭化现象和放电	有异常时应及时清扫、处置
外壳	检查是否有异物进入、雨水、污渍进入	检查、清扫
变压器室	门窗、照明是否完好，温度是否正常	有异常时应处理

2.6 C 级 检 修

C级检修是指根据干式配电变压器的运行、老化规律，有重点的对其进行检查、评估、修理、清扫。C级检修可进行零件的更换、设备的消缺、调整、预防性试验等作业以及实施定期检修项目。

2.6.1 C级检修项目及质量标准

C级检修项目及质量标准见表2-10。

表 2 - 10　　　　　　　　　　项 目 及 质 量 标 准

序号	项目	质量标准
1	铁芯检查	铁芯各部分无损伤，局部无过热变形
2	线圈检查	线圈引线各部分无损伤，局部无过热变形
3	分接头检查	分接头无发热及放电现象，且连接紧固
4	垫块检查	垫块无松动移位，且位置正好，无松动
5	电流互感器检查	无过热，接线紧固，器身无裂纹

序号	项目	质量标准
6	绝缘子检查	无发热放电及开裂现象，固定紧固
7	高低压连接螺栓检查	螺栓紧固，无放电松动现象
8	铁芯夹件检查	无放电，松动现象
9	接地检查	接地牢固、无松动现象
10	外壳检查	外壳无变形，螺丝齐全、紧固
11	铁芯接地检查	拆开铁芯接地，测量铁芯对地绝缘，应符合标准，最低不能低于 0.5MΩ；检查硅钢片紧密程度，必要时对铁芯对缝和硅钢片角部用木楔压紧，以免运行中振动，并适当紧固拉杆、夹件螺丝；硅钢片应完整，无绝缘漆层脱落，无过热变色及机械损伤等；若铁芯出现重大缺陷应返厂处理
12	照明变调压装置各部位检查	各部件的固定螺栓应无松动、位置正确；线路无脱落、断开、绝缘损坏现象；检查单、双动触头是否都停夹在单、双定触头上；分接开关与变压器连线不许松动；各转动件是否灵活，各转动部位有无润滑油脂
13	变压器测温电阻及温度控制装置检查	检查热敏电阻在变压器夹件及温控箱内接线端子有无松动现象；温控箱内开关及接触器动作是否正常
14	检修后试验	按电气设备预防性试验规程执行
15	现场清理	现场干净、清洁，无遗留

2.6.2 检修工艺

1. 检修前准备工作

（1）检修前，应进行干式配电变压器的安全、技术交底。

（2）准备好干式配电变压器检修所需的工器具、材料及备品备件。

（3）检修人员应熟悉图纸，了解设备结构性能、动作原理、主要技术参数及运行情况。

（4）了解变压器在上次检修以来的运行、检修、试验情况，统计其过负荷情况、运行温度和缺陷异常等。

（5）建立设备检修技术档案做好检修技术管理工作，检修过程中应认真做好检修技术记录，按规定填写设备检修卡片。

（6）作业中严格执行工作票制度，严格按照安全技术措施和安全规程执行，杜绝习惯性违章。

（7）工作必须设有专门的监护人员，工作前工作负责人向工作班成员详尽交代工作内容及注意事项，开工前和工作完结后，工作负责人应对设备认真检查。

（8）做好人员的组织安排工作。

（9）检修前办理好检修工作票。

2. 变压器清扫

首先用吹风机对变压器内外进行吹扫，各元件外周用毛刷清理。清扫完后，再用白布和酒精擦拭元器件，使其表面无明显灰尘，柜内无遗留物。

3. 变压器高压连接螺栓紧固检查

检查变压器高压侧与电缆连接螺栓有无生锈、腐蚀的痕迹，查看连接部位有无爬电和碳化现象，电缆接线鼻子是否紧固，电缆头有无破损及刮伤痕迹，电缆与变压器连接螺栓螺纹有无滑丝现象，连接螺栓应紧固。

4. 变压器低压侧与软连接螺栓检查

检查变压器低压侧连接有无生锈、腐蚀的痕迹，查看连接部位有无爬电和碳化现象，检查软连接有无破损及放电痕迹，检查螺栓螺纹是否正常，有无滑丝、松动现象，连接螺栓应紧固。

5. 变压器分接头检查

检查变压器分接头螺纹是否正常，无滑丝、松动现象，分接头有无爬电和碳化现象，连接螺栓应紧固，分接头连接杆绝缘良好，无破损、变形现象。

6. 变压器绕组检查

检查变压器高、低压绕组表面有无油污，有无变形、破损，绕组应无倾斜位移，幅向导线无弹出，查看绕组连接部位分接头有无爬电和碳化现象，线圈外部可见部分应颜色正常，无起层及击穿放电痕迹，无过热及机械损伤等，用手按压绕组表面，检查其绝缘状态，查看绕组各部位垫块有无位移和松动现象。

7. 铁芯检查

检查铁芯外面是否平整，应无片间短路或变色、放电烧伤痕迹，绝缘漆膜有无脱落，叠片应紧密，特别是边侧的硅钢片不应翘起或产生波浪状，铁芯各部表面应保持清洁无油泥和杂质，片间不许有短路，硅钢片的装配要求片间不得有搭接或过大的接缝间隙；铁芯与上下夹件之间、铁芯与绝缘垫块之间、铁芯与压圈之间均应保持良好绝缘，绕组的压圈与铁芯要有明显的间隙，绕组的压圈不得成闭合回路，同时应有一点接地；测量铁芯与上下夹件间的绝缘电阻，压圈与铁芯间的绝缘电阻，其阻值不予规定，与历次试验结果相比较无明显变化；检查穿芯螺栓的紧固度与绝缘情况，铁芯接地片的接触与绝缘状况，铁芯只允许有一点接地，其裸露部分应包扎绝缘，防止铁芯短路。

8. 引线检查

检查引线的绝缘包扎情况，有无变形、破损，引线有无断线，引线与引线接头处焊接情况是否良好，有无过热现象，检查引线与各部位间距离是否合格。

9. 套管和电流互感器检查

套管外观清扫，保持清洁无裂纹，裙边无破损，检查套管有无爬电和碳化现象，套管连接部分应紧固；电流互感器应外部清洁，无爬电痕迹，二次连接部分接触良好，无松动，外壳及二次回路一点接地良好，接地线应紧固可靠。

10. 变压器接地检查

检查接地螺栓是否松动，接地是否可靠。

11. 照明变调压装置检查

检查各部位的固定部件的固定螺栓是否有松动、位置是否正确；线路有无脱落、断开、绝缘损坏现象；检查单、双动触头是否都停夹在单、双定触头上；分接开关与变压器连线是否有松动；各转动件是否灵活，各转动部位有无润滑油脂。

12. 变压器测温装置检查

检查热敏电阻接线在变压器夹件上及温控箱内接线端子有无松动现象；温控箱内开关及接触器动作是否正常。

2.7 反事故技术措施

2.7.1 变压器绝缘损伤的预防措施

（1）检修需要更换绝缘件时，应采用符合制造厂要求，检验合格的材料和部件，并经干燥处理。

（2）变压器应定期检测其绝缘。

2.7.2 变压器线圈温度过高，绝缘劣化或烧损的预防措施

（1）变压器的风冷却器每1～2年用压缩空气或水进行一次外部冲洗，以保证冷却效果。

（2）当变压器有缺陷或绝缘出现异常时，不得超过规定电流运行，并加强运行监视。

（3）定期检查冷却器的风扇叶片应平衡，定期维护保证正常运行，对振动大、磨损严重的风扇电机应进行更换。

2.7.3 过电压击穿事故的预防措施

（1）在投切空载变压器时，中性点必须可靠接地。

（2）对于低压侧可能空载运行的变压器，应在变压器低压侧装设避雷器进行保护。

2.7.4 温度测控装置异常的预防措施

温度测控装置应保证可靠运行，定期对温度测控装置进行检查，如有问题应及时进行处理。

2.7.5 绕组多点接地和短路故障的预防措施

在检修时应测试绕组绝缘，如有多点接地应查明原因，消除故障。

2.7.6 引线事故的预防措施

（1）在进行大修时，应检查引线、胶木螺钉等是否有变形、损坏或松脱。

（2）在线圈下面水平排列的裸露引线，须加包绝缘，以防止金属异物碰触引起短路。

（3）变压器套管的穿缆引线应包扎绝缘白布带，以防止裸露引线与套管的导管相碰，分流烧坏引线。

2.7.7 变压器短路损坏事故的预防措施

（1）相应的保护设备动作时间应与变压器短路承受能力试验的持续时间相匹配。

（2）采取有效措施，减少变压器的外部短路冲击次数，改善变压器运行条件。

（3）加强防污工作，防止相关变电设备外绝缘污闪。

2.7.8 变压器火灾事故的预防措施

（1）加强变压器的防火工作，重点防止变压器着火引起的事故扩大，变压器应配备完善消防设施，并加强管理。

（2）做好变压器火灾事故预想，加强对套管的质量检查和运行监视。

（3）现场进行变压器干燥时，应事先做好防火措施，防止因加热系统故障或线圈过热烧损。

2.8 常见故障原因分析、判断及处理

2.8.1 干式配电变压器常见故障

干式配电变压器常见故障见表2-11。

表 2-11   干式配电变压器常见故障

序号	故障	故障原因	处理方法
1	电压升高时内部有轻微放电声	接地片断裂	打开外箱修复接地片
2	线圈绝缘电阻下降	线圈受潮	对线圈干燥处理
3	铁芯声音不正常	（1）铁芯紧固件松动。 （2）铁芯叠片多余或缺少。夹紧件下的铁芯松动	（1）紧固夹紧件。 （2）抽去多余的叠片或补足叠片并夹紧。 （3）用绝缘板塞紧压牢
4	套管间放电	套管间有杂物	清除杂物并擦净套管
5	套管对地放电	套管表面污损或有裂纹	清扫擦净或更换套管
6	分接开关连片表面灼伤	接触不良	检查调整，必要时更换分接开关连片
7	分接开关连片分接头放电	分接头处有灰尘或绝缘受潮	清除灰尘或干燥处理
8	电气连接处有过热痕迹	连接处的螺栓松动，接触面氧化	除去接触面氧化层并紧固螺栓
9	变压器温度偏高及报警	风机故障或风机温度自动控制失灵	检查风机电机是否损坏，检查温度测控系统是否正常（温器或其整定值是否正常）
10	风机声音异常	风机震动，风叶松动，轴承损坏	检查风机及风叶安装，更换电机轴承

2.8.2 本体常见问题及处理办法

本体常见问题及处理办法见表2-12。

表 2-12　　　　　　　　　　　　　　本体常见问题及处理办法

现象	可能原因	解决办法
变压器噪音较大	电网系统电压较高	改变高压分接连片位置，降低二次电压
	螺栓连接处松动	检查变压器线圈处螺栓、变压器出线铜排与低压母排连接螺栓、地脚螺栓等，将其拧紧
	地基不平，造成底座部分悬空	（1）整改地基，将其调平。 （2）在底座下垫弹性材料（如硅胶垫等），并用地脚螺栓与底座、地基锁紧
	变压器室空间较小，造成声音的反射、叠加	在墙壁上贴吸声材料
	谐波分量较大或电源频率较低	联系相关部门协调解决
无法空载合闸或熔丝烧断	保护整定值较小	励磁涌流的大小与合闸时刻有关，在无异常的情况下可多合几次。调整整定电流值，避开励磁涌流
	熔丝规格较小	参照相关标准更换熔丝
运行过程中跳闸或烧断熔丝	有老鼠或其他小动物爬上变压器，或金属体掉进变压器线圈间，导致相间或相对短路	停电处理
	变压器负荷过大或三相严重不对称	负荷过大，应转移负荷；不平衡，应进行三相平衡调整

2.8.3　温控仪（即温度控制器）常见问题及处理办法

温控仪常见问题及处理办法见表 2-13。

表 2-13　　　　　　　　　　　　温控仪常见问题及处理办法

序号	现象	解决办法
1	温控仪无显示	检查温控仪电源线是否接好
2	运行过程中三相温度不平衡	若 B 相稍高（与其他两相差不大于 10℃），属正常现象，无须处理；若温度差距较大，检查温控仪插头是否插到位，检查三相负荷是否平衡
3	温控仪 PV 显示 Er	表明测量回路接线有误，对照出厂资料的接线图将其纠正
4	温控仪 PV 显示 OP	表明接线回路开路，检查接线端子是否拧紧和测温线是否断裂

2.8.4　典型案例

（1）2006 年 6 月，××省××××供电公司××小区干式配电变压器送电运行，变压器内部发出"噼啪"声，并有间断火花放电现象。停电后检查发现铁芯接地片螺帽松脱，铁芯拉杆松动。铁芯和其他金属构件在强电场静电感应作用下产生不同的悬浮电位，当电位差达到击穿其间的绝缘时，便产生火花放电。

（2）2009年9月，××省×××××供电公司2号化学变（型号SGB10-1600/60）在运行中有间断性"吱吱"响声，并见C相高压绕组上端有火花放电现象。停电后检查发现变压器C相温度测控装置测温探头脱位搭在高压绕组绝缘筒上，在局部高电场、悬浮电位作用下导致放电。变压器预试合格，将高压绕组放电痕迹清理，将测温探头清洗干净，装回低压绕组测温孔。

可能原因：①电压问题，电网发生单相接地或电磁谐振时电压升高，会使变压器过励磁，响声增大且尖锐，直接严重影响变压器引起噪声；②风机、外壳、其他零部件的共振问题，风机、外壳、其他零部件的共振将会产生噪声，一般会误认为是变压器的噪声；③安装的问题，底座安装不好会加剧变压器振动，放大变压器的噪声；④悬浮电位的问题。

（3）2009年6月26日，巡检发现××省×××××供电公司××干式配电变压器绕组温控仪显示B相最高达102℃，比其他同类干式配电变压器温度高约15℃。使用红外测温仪测温则局部温度达120℃。该变压器为瑞士制造TNT6FN 1M/G型，容量1600kVA，额定电流2311A。当时该变压器段负荷电流约1200A，负载率约52%，配电室环境温度33℃，负载率正常。

可能原因：通常为变压器制造质量方面原因：①绕组换位不合适使漏磁场在绕组各并联导体中感应的电动势不同，各并联导体存在电位差会产生环流，环流和工作电流在一部分导体里相加，一部分导体里相减，被叠加的导体电流过大，引起过热；②换位导线股间绝缘损伤后形成环流，引起局部过热；③绕组导体焊接不良，使焊接处接触电阻增大引起该处过热。此外，绕组匝间有小毛刺、漏铜点等材料本身质量问题，虽然匝间不构成完全短路，但会形成缓慢发热，最终产生过热现象。之后该公司人员对该变压器进行停运检修，对该变压器B相绕组进行了细致检查，发现绕组导体焊接不良，从而导致B相发热。随后该公司联系厂家对该变压器进行了处理。

第3章 箱式变电站

箱式变电站是用来从高压系统向低压系统输送电能的设备,包括装在外壳内的变压器、高压和低压开关设备、电能计量设备和无功补偿设备、连接线和辅助设备。这些变电站主要安装在公众易于接近的地点,应按规定的使用条件保证人身安全。因此,高压/低压预装箱式变电站除了规定的特性、额定值和相关的试验程序外,要特别注意对人身保护的规定。

3.1 基 础 知 识

3.1.1 基本概念

箱式变电站是由外壳、高压配电装置、电力变压器、低压配电装置、电能计量装置、高压和低压内部连接线等组合在一个箱体内而构成的紧凑型配电装置,如图3-1所示。

图3-1 户外箱式变电站

3.1.2 分类及特点

箱式变电站按结构分主要有欧式箱式变电站和美式箱式变电站。

1. 欧式箱式变电站

将变压器、高压开关设备、低压电器等设备采用隔板或移门分隔的结构形式，共同安装于同一个外壳箱体内，不同设备之间采用电缆、母线连接的箱式变电站，简称欧变，又称预装式变压器，如图3-2所示。

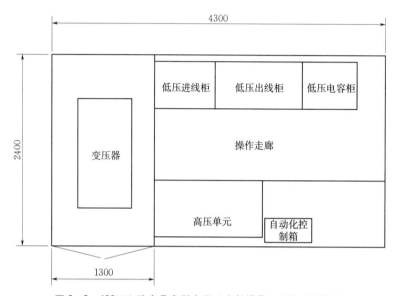

图3-2 400kVA欧变品字形布置（内部操作）及尺寸示意图

2. 美式箱式变电站

将高压负荷开关、熔断器与变压器本体安装在同一个密闭的油箱内，并设有独立低压电气室结构形式的箱式变电站，简称美变，又称组合式变压器，如图3-3所示。

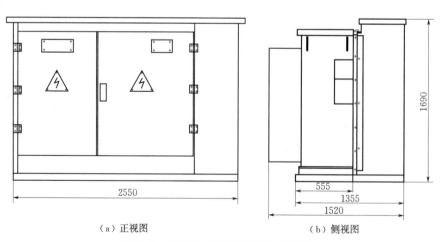

（a）正视图   （b）侧视图

图3-3 400kVA美变布置及尺寸示意图

3. 箱式变电站特点

（1）体积小、结构紧凑。

（2）全密封、全绝缘结构，无需绝缘距离，可靠保护人身安全。

（3）过载能力强、损耗小。

（4）技术先进、安全可靠、自动化程度高。

（5）占地面积小，投资省、见效快。

（6）保护方式简单。

3.1.3 技术参数及要求

1. 总体结构要求

组合式变压器的设计应能够保证安全地进行正常使用、检查和维护。

2. 箱体要求

（1）组合式变压器通常采用自然通风方式冷却。

（2）油箱的密封部位应可靠耐久，应无渗漏油现象。

（3）组合式变压器的高、低压室门均向外开，门上应有把手、锁。

（4）箱体的焊接与组装应牢固，焊缝应光洁均匀，无焊穿、裂纹、溅渣、气孔等现象。

（5）箱体应进行防锈处理，并应保证喷漆颜色均匀，附着力强，漆膜不得有裂纹、流痕、针孔、斑点、气泡和附着物。

（6）高、低压室间应采用金属隔板隔开。

（7）箱体应有起吊装置，起吊时应保证整个组合式变压器在垂直方向受力均衡。

（8）组合式变压器油箱的机械强度应满足在正常起吊和运输状态不产生无损伤或超过容许值的永久变形。

（9）油箱和高、低压室均不能有外露可拆卸的螺钉、螺栓、铰链或其他构件，不留任何缺口，以防棍棒或线材等物体进入其内部，触及带电部位。

（10）用于固定的部件（或孔）应置于高低压室内底部边缘。变压器安装固定后，只有在高、低压室内方能进行拆卸。

3. 变压器

变压器联结组别：Dyn11，分接范围：±2×2.5%或（+3，−1）×2.5%。变压器额定容量：200kVA、400kVA、500kVA 和 630kVA 等。

4. 防护等级

（1）箱式变电站变压器室的防护等级不应低于 IP33D，内部隔室间的保护等级不应低于 IP2XC。

（2）高压柜的箱体防护等级不低于 IP4X，内壳防护等级不低于 IP67，内部隔室间的保护等级不低于 IP2X。

（3）低压柜箱体的防护等级为 IP3X，内部隔室间的保护等级不应低于 IP2X。

5. 内部故障

箱式变电站内部故障试验电流不小于 20kA，持续时间不小于 0.5s。内部故障级别：

41

当箱式变电站的设备是由操作人员从内部操作，可考虑 IAC–A 级别；当箱式变电站的设备是由操作人员从外部操作，可考虑 IAC–B 级别。

3.2 结 构

3.2.1 美变的结构及要求

采用品字形结构，应采用自然通风方式，预留表计和低压电流互感器安装位置。

1. 外壳

（1）低压箱体外壳应采用高强度、防腐性能不低于 S304 不锈钢或其他材料制作，厚度不应小于 1.5mm，其防护等级为 IP33D。高压箱体外壳宜采用冷轧钢板制作，厚度不应小于 4mm，表面做防腐喷涂处理，并保证长久不锈蚀。

（2）箱体应有足够的机械强度，可防止在起吊、运输和安装中变形或损伤。

（3）箱体上所有的门向外开启，开启角度不小于 105°，应有可靠装置锁定门防止其关闭，装有具有防盗、防锈和防堵功能的门锁，底部应预留敲落式进出线孔。

（4）箱柜的内外表面应平整、光洁，且无锈蚀；涂料层牢固均匀，无涂层脱落、磕碰损伤、褪色现象。

（5）箱体有足够的自然通风口和隔热措施，以确保在正常环境温度下，所有电器设备的运行温度不超过其最高允许温升。

（6）基座和所有外露金属件进行防锈处理，并喷涂耐久的防护层。

2. 接地

（1）接地系统应符合《高压/低压预装式配电站》（GB 17467—2010）和《高压/低压预装式变电站选用导则》（DL/T 537—2002）的要求。

（2）箱体应设专用接地导体，该接地导体上应设有与接地网相连的固定连接端子，其数量不少于 2 个，其中高压间隔至少有 1 个，低压间隔至少有 1 个，并应有明显的接地标志。接地端子用铜质螺栓直径不应小于 12mm。

（3）高、低压配电装置和变压器专用接地导体应相互连接，并应通过专用的端子与接地系统可靠连接。高、低压间隔所有的非带电金属部分（包括门、隔板等）均应可靠接地，门和在正常运行条件下可抽出部分应保证在打开或处于隔离位置时仍可靠接地。

3. 高压开关设备和控制设备

（1）高压连接终端采用可带电拔插的肘形插接头，以方便高压进线电缆的连接，并能满足紧急情况下作为负荷开关使用。

（2）采用双熔断器保护，高压侧采用限流保护熔断器保护，二次侧采用插入式熔断器双敏熔丝（温度、电流）保护。

（3）高压进线端应配备避雷器、故障指示器和带电显示器。

4. 低压开关设备和控制设备

（1）低压母线应用铜排连接，断路器出线的相间与不同回路间应配置绝缘隔板。

（2）应在低压侧室内设置独立的小室，安装用电采集装置，方便观察。

（3）无功补偿容量按变压器容量的 20％～30％进行配置。电容器宜采用干式自愈型低压电容器，系统停电 3min 后，电容器的电压残压应低于 50V。

5. 配电变压器

（1）变压器铁芯材料应采用优质高导磁取向冷轧硅钢片或非晶合金。变压器应采用低损耗高效节能变压器。

（2）变压器油箱应进行机械强度（正压）试验，历时 5min 应无损伤及不得出现不允许的永久变形。一般结构油箱的试验压力为 50kPa；波纹式油箱（包括带有弹性片式散热器油箱）对于 400kVA 及以上者，试验压力为 20kPa；内部充有气体的密封式变压器油箱的压力试验为 100kPa。油箱高压侧应装设油位计。

3.2.2　欧变的结构及要求

1. 内部布置

（1）需有独立的变压器室，高压室和低压室可采用独立小室或共用一个小室。布置方式一般分为品字形布置或目字形布置。

（2）隔室之间采用隔板或移门分隔，如采用移门分隔，应有门锁装置确保它不能随意打开。

（3）宜采用自然通风方式，自然通风条件下，在额定负荷和 1.5 倍短时过负荷运行状态下，温升应不超过各元件相应标准中规定的最高允许温度和温升极限。

（4）当需要操作人员内部操作元件时，应预留内部操作通道，该操作通道的宽度不应小于 800mm，且在任一设备开启位置、开关设备和控制设备突出的机械传动装置，不应将通道的宽度减小到 500mm 以下。

（5）当需要操作人员外部操作元件时，其防护等级有可能降低，应采取其他预防措施以防止操作人员触及危险部件。预防措施：提高保护等级，防止操作人员接触危险部件以及外来物体进入和水分浸入；能够设置隔离围栏，防止非操作人员接近危险部件和误碰操作开关。

2. 外壳

（1）外观设计应美观并尽量与周边的环境相适应，具有良好的视觉效果。

（2）当采用非导电材料制作的外壳应满足绝缘的要求。

（3）外壳可采用金属材料或阻燃性非金属材料制成的基座和外壳、隔板等。如采用金属材料时厚度不应低于 2mm，须经防腐处理，并喷涂防护层。防护层应喷涂均匀并有牢固的附着力，保证长久不锈蚀。如采用阻燃性非金属材料，材料的阻燃性应满足相应要求。外部遮挡装饰层宜采用阻燃、耐老化、不易变形的复合材料制成的装饰条。

（4）顶盖宜采用双层，斜顶结构，坡度不应小于 10°，减少日照引起的变电站室内温度升高，顶部承受不应小于 2500N/m² 负荷，并确保箱顶不渗水、滴漏。

（5）外壳结构中使用的材料防火等级应防止着火时的最低性能水平。

（6）基座宜采用金属基座，须有足够的机械强度，以确保在吊装、运输和使用过程中不发生变形和损坏。基座上需有至少 4 个以上可伸缩式起重销，确保安全运输。

（7）开关设备和控制设备的隔室应装设防潮装置，以防止因凝露而影响电器元件的绝缘性能和对金属材料的锈蚀。

（8）基座、设备及设备支座应按承受地震荷载时能保持结构完整来设计。

3. 接地

（1）接地系统应符合《高压/低压预装式变电站》（GB 17467—2010）和《高压/低压预装箱式变电站选用导则》（DL/T 537—2002）的要求。

（2）接地系统应提供一个将不属于设备主回路和辅助回路的所有金属部件接地的铜质主接地导体，每个元件通过单独的连接线与之相连，该导体应包含在主接地系统中。

（3）接地导体上应设有不应少于 2 个与接地网相连接的铜质接地端子，其电气接触面积不应小于 160mm。接地点应有明显的接地标志。

（4）主接地系统的导体应设计成能够在系统的中性点接地条件下耐受额定短时和峰值电流。

（5）设备的接地端子应是螺栓式，适合连接。接地连接线应为铜质，其截面应与可能流过的短路电流相适应。

4. 保护等级

（1）变压器室的防护等级不应低于 IP33D，其他隔室的防护等级不应低于 IP43。

（2）内部设备是由操作人员从外部操作时，高压开关设备和控制设备的外壳的保护等级不应低于 IP42，内部隔室间的保护等级不应低于 IP2XC；低压开关设备和控制设备的外壳的保护等级不应低于 IP32D，内部隔室间的保护等级不应低于 IP2XC。

（3）变压器隔室的门打开后，还应装设可靠的安全防护网或遮拦，以防在带电状态下人员进入。

5. 面板和门

（1）门不应高于 1800mm，并应装有具有防盗、防锈、防堵功能的门锁。

（2）门应能向外开启，开启角度不应小于 105°，应有可靠装置锁定防止其关闭。

（3）外侧立面应设置明显的安全警告标识和标志。安全警告标识和标志的喷涂应满足《配电网施工检修工艺规范》（Q/GDW 742—2012）中的要求。

（4）门与柜架连接的接地线应不应小于 2.5mm²。

6. 防腐蚀

（1）内部应采取除湿、防凝露措施。

（2）外壳的所有螺栓和螺钉部件都应易于拆卸；由于可能导致丧失密封性，接触的不同材料间的电腐蚀应予以考虑；考虑到螺栓和螺钉的腐蚀，应保证接地回路的电气连续性。

7. 高压开关设备和控制设备

（1）户外安装时，高压开关设备和控制设备宜选用气体绝缘环网柜或固体绝缘环网柜。环网柜上应配置短路接地故障指示器。气体绝缘环网柜宜配置带辅助接点的气压表。

（2）环网柜应选用结构紧凑体积小、安装方便、性能可靠、少维护。具有完备的"五防"联锁功能，联锁装置强度满足操作的要求。

（3）负荷开关组合电器的熔断器安装位置应便于运行人员更换熔断器。

8. 低压开关设备和控制设备

（1）低压配电装置应使用已通过型式试验的成套开关设备和控制设备，并应在低压成套设备领域广泛使用。

（2）低压侧供电方式应选用 TN-C-S。

（3）内部应能装设低压无功补偿装置，其补偿容量一般为变压器额定容量的20％～30％。电容器宜采用干式自愈型低压电容器，系统停电3min后，电容器的电压残压应低于50V。补偿方式可选用分相补偿、三相补偿、混合补偿。如采用智能电容器时，电容器应具备保护、测量、显示、控制等功能。

（4）低压侧或高压侧可装设电能计量装置，电能计量装置应满足《电能计量柜》（GB/T 16934—2013）的规定。

（5）内部应具有照明、检修维护等设施。

（6）内部应能装设电力综合监控装置，该装置应具备实时电量采集、状态量采集、温湿度（凝露）采集、信号报警、数据统计、数据记录、自动无功补偿控制、温度控制、箱式变电站门开关控制、湿度（凝露）控制、通信及显示等功能。

9．配电变压器

（1）应优先选用节能环保型全密封油浸变压器，铁芯材料应采用优质高导磁取向冷轧硅钢片或非晶合金。

（2）配电变压器的结构应根据箱变结构的特点，便于安装、巡视、维护和更换。配电变压器的铭牌应装在易见之处。

3.3 安 装 验 收 标 准

3.3.1 安装前准备

1．土建交接验收

（1）箱式变电站基础应施工完毕，地面应抹平。

（2）基础型钢安装牢固可靠，并验收合格。

2．开箱检查

（1）设备型号、数量符合设计图纸要求。

（2）设备完好无伤、附件、备件齐全、完整。

（3）出厂技术资料齐全。

3．确定吊装方案

检查运输路径，确定合适的吊装方案。

（1）运输道路应平坦，无障碍物。

（2）吊装场地满足盘柜尺寸要求。

（3）清扫基础地面，基础型钢上不得有焊渣、水泥等妨碍柜体安装的杂物。

（4）吊装由起重人员配合，统一指挥。

3.3.2 箱式变电站的安装

1．开关柜吊装、就位

（1）开关柜运至现场后，按安装顺序吊运至箱变配电室，吊装过程由负责人统一指挥。

（2）开关柜摆放顺序应符合图纸要求。

（3）开关柜端部第一块盘用小滚杠和撬棍移动，使其柜边与所打墨线完全重合，再用线坠测量其垂直度，不符合规范要求时，在柜底四角加垫片调整，达到要求后，将柜体及基础型钢焊接固定按配电盘柜地脚孔距打孔固定。

2. 母线连接

（1）核实母线规格、数量符合要求，两进线相序相位是否一致。母线制作工艺符合验标及规范要求，母线相序标示清楚。

（2）穿接母线用力要均匀、一致、柔缓，母线搭接面平整、无氧化膜、镀银层不得锉磨。

（3）母线连接部分所有紧固螺栓必须是镀锌件，平垫、弹簧垫齐全，紧固力矩用扭力扳手检查。

3.3.3 验收标准

1. 整体部分验收

（1）设备型号及配置应符合图纸要求，并应经联合审图合格。

（2）箱式变电站柜体四方应贴有"当心触电"安全标识牌及设备属性铭牌；设备属性铭牌上应标明型号、额定电压、容量、重量、体积、出厂编号、出厂日期及厂家等。

（3）地基不应凹陷、下沉，箱式变电站固定应焊接牢靠，且不能采用点焊，每点焊接长度至少为 30mm。地基础底座应无裂缝，所有电缆孔洞应用水泥封堵。

（4）各功能室应有标示牌。

（5）通风设备和室内照明应完好。

（6）高压负荷开关（环网）应完好，分合位置指示应正确。

（7）变压器硅胶、油色、油位应正常，应无渗漏油现象。

（8）变压器外壳和中性点与接地网连接应采用扁钢搭接焊接牢靠。

（9）无功补偿装置应完好且有自动投切装置。

（10）表计完好。

（11）操作工具应齐全。

（12）进出箱式变电站的高、低压出线电缆孔应进行防火防水封堵。

（13）安装地点应留有消防通道和箱变吊装通道。

2. 变压器验收

（1）设备型号应符合设计图纸要求。

（2）基础应符合设计图纸要求。

（3）基础固定应焊接牢靠，且不能采用点焊，每点焊接长度应大于 30mm。

（4）外壳及中性点与接地网应采用扁钢搭接焊接。

（5）硅胶、油位、油色应正常，应无渗漏油现象。

（6）所有连接螺栓应牢固。

（7）与高低压柜连接的母线相位应正确，应有相色漆或色标。

3. 开关柜验收

（1）设备型号数量应符合设计图纸要求。

（2）柜体与基础槽钢可靠连接，接地用软导线将门上接地螺栓与柜体可靠连接。

（3）柜面油漆无脱漆及锈蚀，所有紧固螺栓均齐全、完好、紧固，柜内照明装置齐全。

（4）安全隔离板开闭灵活、无卡涩，接地刀闭锁正确，接地刀分合灵活，指示正确。

（5）各种电气触电接触紧密，通断点顺序正确。

（6）检查带电部分对地距离。

（7）对照施工图检查二次接线是否正确，元件配制是否符合设计要求。

（8）操作机构及防误装置应完好。

（9）表计完好。

（10）各种操作工具和解锁应齐全。

3.4 状 态 检 修

3.4.1 检修分类

箱式变电站的检修工作分停电检修和不停电检修，停电检修分为 A 级、B 级、C 级，不停电检修分为 D 级、E 级。

（1）A 级检修。指整体性检修，对配网设备进行较全面的解体（配网设备更换）、检查、修理及修后试验，以恢复设备性能。

（2）B 级检修。指局部性检修，对配网设备部分功能部件进行分解、检查、修理、更换及修后试验，以恢复设备性能。

（3）C 级检修。指一般性检修，对设备在停电状态下进行预防性试验，一般性消缺、检查、维护和清扫，以保持及验证设备的正常性能。

（4）D 级检修。指维护性检修，对设备在不停电状态下进行带电测试和设备外观检查、维护、保养，以保证设备正常的功能。

（5）E 级检修。指设备带电情况下的中间电位及地电位检修、消缺、维护。

3.4.2 箱式变电站的状态评价

箱式变电站状态评价主要分为变压器部分与开关柜部分。

1. 变压器部分

（1）状态评价。变压器部分包括绕组及套管、分接开关、冷却系统、油箱、非电量保护、接地及绝缘油等部件。各部件的范围划分见表 3 - 1。

表 3 - 1　　　　　　　　变压器各部件的范围划分

部件	评 价 范 围
绕组及套管 P1	高压绕组、低压绕组及出线套管、外部连接
分接开关 P2	无载分接开关
冷却系统 P3	风机、温控装置

部件	评价范围
油箱 P4	油箱（包括散热器）、油枕、密封
非电量保护 P5	气体继电器、温度计
接地 P6	接地引下线、接地体
绝缘油 P7	油样

变压器部分各部件的评价内容见表 3-2。

表 3-2   变压器部分各部件的评价内容

部件	绝缘性能	直流电阻	温度	机械特性	外观	负荷情况	接地电阻	对地距离
绕组及套管	√	√	√		√	√		
分接开关		√		√	√			
冷却系统			√	√	√	√		
油箱			√					√
非电量保护	√				√			
接地					√		√	
绝缘油	√				√			

各评价内容包含的状态量见表 3-3。

表 3-3   各评价内容包含的状态量

评价内容	状态量
绝缘性能	绕组、器身及套管绝缘电阻，交流耐压试验
直流电阻	绕组直流电阻
温度	接头温度、油温度、干变器身温度、温控装置性能
机械特性	风机动作情况、分接开关动作情况
外观	油位、套管外绝缘抗污能力水平、密封、油漆、散热片、呼吸器硅胶、接地引下线、温度计、气体继电器、绝缘油
负荷情况	负载率、三相不平衡率
接地电阻	接地体的接地电阻
对地距离	变压器台架对地距离

变压器部分各部件的最大扣分值为 100 分，权重见表 3-4。

表 3-4   各部件权重

部件	绕组及套管	分接开关	冷却系统	油箱	非电量保护	接地	绝缘油
部件代号	P1	P2	P3	P4	P5	P6	P7
权重代号	K1	K2	K3	K4	K5	K6	K7
权重	0.3	0.05	0.15	0.15	0.1	0.15	0.1

油浸式变压器的状态量以查阅资料、停电试验、带电检测、巡视检查和在线监测等方式获取。

当下述状态量达到最大扣分值时，不再对该变压器进行评估而直接进入缺陷处理程序：①绕组直流电阻；②油温度；③油位；④负荷情况。

油浸式变压器状态评价以量化的方式进行，各部件起评分为100分。油浸式变压器的状态量和最大扣分值见表3-5。

表3-5 油浸式变压器的状态量和最大扣分值

序号	状态量名称	部件代号	最大扣分值
1	直流电阻	P1	40
2	绕组、器身及套管绝缘电阻	P1	40
3	交流耐压试验	P1	40
4	接头温度	P1	40
5	负载率	P1	40
6	套管外绝缘抗污能力水平	P1	40
7	干变器身温度	P1	30
8	三相不平衡率	P1	20
9	密封	P1/P4	25
10	分接开关性能	P2	15
11	温控装置性能	P3	20
12	风机运行情况	P3	15
13	变压器台架对地距离	P4	40
14	油位	P4	25
15	呼吸器硅胶颜色	P4	15
16	油温度	P4	5
17	油漆	P4	5
18	非电量保护装置绝缘	P5	30
19	接地电阻及接地引下线等	P6	30
20	绝缘油耐压	P7	30
21	绝缘油颜色	P7	10

注　当一个状态量对应多个部件时，应分析最可能引起状态量变化的原因，然后确定应该扣分的部件。

（2）评价结果。

$$某一部件的最后得分 = MP \cdot KF \cdot KT$$

其中

$$MP = 100 - 相应部件的扣分总和$$

$$KT = 100 - 该部件的运行年数$$

式中　MP——某一部件的基础得分；

KF——家族性缺陷系数，对存在家族性缺陷的部件，取$KF = 0.95$；

KT——寿命系数。

各部件的评价结果按量化分值的大小分为"正常状态""注意状态""异常状态"和"重大异常状态"四个状态。分值与状态的关系见表3-6。

1）当配电设备所有部件的得分在"正常状态"及以上时，配电设备的最后得分按以下方法计算：

$$配电设备的最后得分 = \sum KP \cdot MP$$

2）当配电设备所有部件中有一个得分在"注意状态"及以下时，最后得分按得分最低的部件计算。

表3-6　　　　　　　　　油浸式变压器部件评价分值与状态的关系

部件	<85~100	<75~85	<60~75	≤60
绕组及套管	正常状态	注意状态	异常状态	异常状态
分接开关	正常状态	注意状态		
冷却系统	正常状态	注意状态		
油箱	正常状态	注意状态	异常状态	重大异常状态
非电量保护系统	正常状态	注意状态	异常状态	
接地	正常状态	注意状态	异常状态	
绝缘油	正常状态	注意状态	异常状态	

2. 开关柜部分

（1）状态评价。开关柜部分包括本体、操动机构及控制回路、辅助部件等部件。各部件的范围划分见表3-7。

表3-7　　　　　　　　　　　开关柜各部件的范围划分

部件	评 价 范 围
本体 P1	开关、闸刀、熔断器
操动系统及控制回路 P2	弹簧机构、分合闸线圈、辅助开关、二次回路、端子
辅助部件 P3	带电指示、压力表、二次仪表、绝缘子、接地、构架及基础

开关柜的评价内容分别为绝缘性能、开断能力、载流能力、机械性能和外观。各部件的评价内容见表3-8。

表3-8　　　　　　　　　　　开关柜各部件的评价内容

评价内容部件	绝缘性能	开断能力	载流能力	机械性能	外观
本体	√	√	√	√	√
操动系统及控制回路	√			√	√
辅助部件	√				√

各评价内容包含的状态量见表3-9。

表 3-9

表 3-9   **评价内容包含的状态量**

评价内容	状 态 量
绝缘性能	绝缘子绝缘，操动机构及控制回路绝缘，交流耐压试验
开断能力	短路电流开断能力满足系统短路容量
载流能力	回路电阻，导电连接点的相对温差或温升
机械性能	分、合闸操作，辅助开关投切状况，回路中三相不一致或连跳功能
外观	带电显示器，二次元器件、仪表，弹簧机构弹簧有裂纹或断裂，拐臂、连杆、拉杆、金属件锈蚀，接地，构架和基础

开关柜的状态量以查阅资料、停电试验、带电检测、巡视检查和在线监测等方式获取。

当下述状态量达到最大扣分值时，不再对该断路器进行评估而直接进入以下处理程序：①累计机械操作次数达到制造厂规定值时，进入大修程序；②操动机构引起分合闸操作闭锁或拒动时，进入缺陷处理程序；③三相不一致、连跳回路功能损坏时，进入缺陷处理程序；④机构弹簧有裂纹或断裂，拐臂、连杆、拉杆断裂时，进入缺陷处理程序。

开关柜状态评价以量化的方式进行，各部件起评分为 100 分。根据部件得分及其评价权重计算整体得分。各部件的最大扣分值为 100 分，权重见表 3-10。

表 3-10   **各 部 件 权 重**

部件	本体	操动系统及控制回路	辅助部件
部件代号	P1	P2	P3
权重代号	K1	K2	K3
权重	0.4	0.4	0.2

开关柜的状态量和最大扣分值见表 3-11。

表 3-11   **10kV 开关柜的状态量和最大扣分值**

序号	状态量名称	部件代号	最大扣分值
1	套管及开关外绝缘	P1	40
2	交流耐压试验	P1	40
3	短路电流开断能力满足系统短路容量	P1	40
4	回路电阻	P1	40
5	导电连接点的相对温差或温升	P1	40
6	操动机构及控制回路绝缘	P2	40
7	分合闸操作动作异常	P2	40
8	拐臂、连杆、拉杆	P2	40
9	回路中三相不一致或连跳功能	P2	40
10	机构弹簧外观	P2	10

序号	状态量名称	部件代号	最大扣分值
11	辅助开关投切状况	P2	10
12	接地	P3	30
13	带电显示器	P3	20
14	构架和基础	P3	20
15	二次仪表	P3	10

（2）评价结果。

$$某一部件的最后得分 = MP \cdot KF \cdot KT$$

其中

$$MP = 100 - 相应部件的扣分总和$$

$$KT = 100 - 该部件的运行年数$$

式中　MP——某一部件的基础得分；

KF——家族性缺陷系数，对存在家族性缺陷的部件，取 $KF=0.95$；

KT——寿命系数。

各部件的评价结果按量化分值的大小分为"正常状态""注意状态""异常状态"和"重大异常状态"四个状态。分值与状态的关系见表 3-12。

1）当配电设备所有部件的得分在"正常状态"及以上时，配电设备的最后得分按以下方法计算：

$$配电设备的最后得分 = \sum KP \cdot MP$$

2）当配电设备所有部件中有一个得分在"注意状态"及以下时，最后得分按得分最低的部件计算。

表 3-12　　　　　开关柜部件评价分值与状态的关系

部件	<85~100	<75~85	<60~75	≤60
本体	正常状态	注意状态	异常状态	重大异常状态
操动系统及控制回路	正常状态	注意状态	异常状态	重大异常状态
辅助系统	正常状态	注意状态	异常状态	

当上述两部分任意一个评价得分达到"注意状态"以下时，都采取相应的检修措施。

3.4.3　停电检修周期调整的原则

（1）正常状态设备。正常状态的设备，C 级检修可按基准周期推迟 1~2 个年度执行。

（2）注意状态设备。注意状态设备的 C 级检修宜按基准周期适当提前安排。

（3）异常状态设备。异常状态设备的停电检修应按具体情况适时安排。

（4）重大异常设备。重大异常状态设备的停电检修应按具体情况及时安排，必要时立即安排。

3.4.4　C 级检修项目及质量标准

C 级检修项目及质量标准见表 3-13。

表 3 – 13　C 级检修项目与质量标准

序号	项目	质量标准
1	铁芯检查	铁芯各部分无损伤，局部无过热变形
2	线圈检查	线圈引线各部分无损伤，局部无过热变形
3	分接头检查	分接头无发热及放电现象，且连接紧固
4	垫块检查	垫块无松动以为，且位置正好，无松动
5	电流互感器检查	无过热，接线紧固，器身无裂纹
6	绝缘子检查	无发热放电及开裂现象，固定紧固
7	高低压连接螺栓检查	螺栓紧固，无放电松动现象
8	铁芯夹件检查	无放电，松动现象
9	接地检查	接地牢固，无松动现象
10	外壳检查	外壳无变形，螺丝齐全、紧固
11	铁芯接地检查	拆开铁芯接地，测量铁芯对地绝缘，应符合标准，最低不能低于 0.5MΩ；若铁芯出现重大缺陷应返厂处理
12	变压器测温电阻及温度控制装置检查	检查热敏电阻在变压器夹件及温控箱内接线端子有无松动现象，温控箱内开关及接触器动作是否正常
13	检修后试验	按电气设备预防性试验规程执行

3.5　巡检项目及要求

3.5.1　巡视检查方法

1. 目测法

目测法：值班人员用肉眼对运行设备可见部位外观变化进行观察来发现设备的异常现象，如变色、变形、位移、破裂、打火冒烟、渗油漏油、断线、闪络痕迹、腐蚀污秽等都可以通过目测检查出来，目测法是较常见的一种方法。

2. 耳听法

变电站的电磁型设备，正常运行通过交流电后，其绕组铁芯会发出均匀有规律和一定响度的声音。运行人员应熟练掌握设备声音的特点，当设备出现故障时会夹杂噪声或出现"噼啪"的放电声音，可以通过正常时的声音同异常时的声音进行对比判断设备的故障及性质。

3. 鼻嗅法

电气元件的绝缘件一旦过热会在空气中产生异味，一旦嗅出异味，应仔细检查设备，找出异味发出的设备，查明异味原因。

4. 仪器检测法

使用局部放电测试仪、红外测温仪等检测设备对设备进行检测。

3.5.2　内部设备的巡检

1. 变压器的巡检

（1）运行声音是否正常。

（2）变压器油色、油位是否正常，各部位有无渗漏油现象。

（3）变压器油温及温度计指示是否正常，远方测控装置指示是否正确。

（4）变压器金具连接是否紧固；引线不应过松或过紧，接触良好。

（5）瓷瓶、套管是否清洁，有无破损裂纹、放电痕迹及其他异常现象。

（6）变压器外壳接地点接触是否良好，基础是否完整，有无下沉，有无裂纹。

（7）冷却系统的运行是否正常。

（8）警告牌悬挂是否正确，各种标志是否齐全明显。

（9）红外热像。检测变压器箱体、储油柜、套管、引线接头及电缆等，红外热像图显示应无异常温升、温差和或相对温差。

2. 开关室巡检

（1）保护压板的投停符合运行要求。

（2）电流、电压正常。

（3）指示灯正常、无故障报警显示。

（4）三相带电指示灯正常。

（5）控制面板显示与手车位置一致。

（6）多功能数字仪表显示正常。

（7）控制开关与远方/就地开关显示正常。

（8）断路器处于储能状态。

（9）室内消防设施齐全、通道畅通无阻。

（10）室内无异味、无振动声、温湿度正常。

（11）电缆接头处无发热、脱落及打火现象。

（12）电压互感器柜电压指示正常。

3. 箱体的检查及维修

（1）检查箱体表面应无锈迹、掉漆现象，如有应马上进行补漆处理。采用细砂纸进行打磨干净，然后用同等色样的漆进行补漆处理。定期检查箱体外门密封条是否脱胶及老化，如有脱胶及老化现象必须处理更换掉以防止雨水或灰尘进入。现场如无密封条可同厂家联系解决或购买。定期检查箱体对接缝处的玻璃胶是否老化及脱落。

（2）雨后应对箱变的外门门锁用干布擦拭干净，以防生锈。

（3）检查箱体底部四周的水泥勾缝有无脱落掉渣，如有应进行处理以防雨水从勾缝进入，导致电缆沟内部进水。

（4）雨后应对高压及低压基础的电缆沟进行积水处理。

（5）箱体内部应在保证防鼠及小动物进入的情况下，保证箱体内部的通风。一般采用打开箱体内部的风扇进行通风处理。

3.6 反事故技术措施

3.6.1 变压器绝缘损伤的预防措施

（1）检修需要更换绝缘件时，应采用符合制造厂要求，检验合格的材料和部件，并经干燥处理。

（2）变压器运行检修时严禁蹬踩引线和绝缘支架。

（3）变压器应定期检测其绝缘。

3.6.2　铁芯多点接地和短路故障的预防措施

（1）在检修时应测试铁芯绝缘，如有多点接地应查明原因，消除故障。

（2）穿芯螺栓的绝缘应良好，并注意检查铁芯螺杆绝缘外套两端的金属座套，防止座套过长触及铁芯造成短路。

（3）线圈螺栓应紧固，防止螺帽和座套松动掉下造成铁芯短路，铁芯及静电屏蔽引线等应固定良好，防止出现电位悬浮产生放电。

3.6.3　箱式变电站火灾事故的预防措施

（1）加强箱式变电站的防火工作，重点防止变压器着火引起的事故扩大，箱变应配备完善的消防设施，并加强管理。

（2）做好箱式变电站火灾事故预想，加强对变压器套管的质量检查和运行监视，防止其运行中发生爆炸喷油引起变压器着火。

（3）在箱式变电站周围进行明火作业时，必须事先做好防火措施。

（4）按照有关规程和反措要求，对开关柜底部电缆进线部分进行防火封堵。

3.7　常见故障原因分析、判断及处理

3.7.1　电缆头燃烧故障

1. 事故原因判断

（1）高压电缆安装时接触不良，导致电缆头接触部位发热。在箱式变电站密闭的空间积累并使接触部位氧化，进一步加剧发热情况，最终导致电缆头接线端子处绝缘击穿后出现单相接地故障。

（2）箱式变电站内烟感报警器安装位置不合理，在电缆头起火之处未发出报警信号，运行人员未能在电缆头起火之初发现并切除箱式变电站电源。

（3）箱式变电站各间隔间未采取物理隔离措施，导致一个间隔起火引起整个箱式变电站起火。

2. 处理措施

（1）严格施工程序控制，电缆头安装工序一人安装，一人检查并采取记名措施。采用责任追究制，安装、验收人员对安装质量负责。

（2）增加烟雾报警器数量，能及早发现烟雾，及早采取措施。

（3）在箱变电缆进出线处及各间隔间采用石棉板、防火泥封堵，设置物理隔离。

3.7.2　变压器声音异常的故障

正常运行时，变压器没有异味，发出均匀的"嗡嗡"声。如果产生不均匀响声或其他

响声，都属不正常现象，不同的声响预示着不同的故障现象。详见表3-14。

表3-14　　　　　　　　　　　　故　障　类　型

声音类型	故　障　类　型
沉重的"嗡嗡"声	严重的过负荷
"咕嘟咕嘟"的开水沸腾声	变压器绕组发生层间或匝间短路而烧坏，使其附近的零件严重发热
开水沸腾声夹有爆裂声，既大又不均匀	变压器本身绝缘有击穿现象
通过液体沉闷的"噼啪"声	导体通过变压器油面对外壳的放电
有连续的、有规律的撞击或摩擦声时	变压器的某些部件因铁芯振动而造成机械接触
"叮叮当当"的敲击声、"呼呼"的吹风声以及"吱啦吱啦"的像磁铁吸动小垫片的响声，声响较大而嘈杂时	是变压器铁芯有问题，例如铁芯叠片有松散现象、铁芯叠片和接地铜片未夹紧、穿心螺杆绝缘破裂或过热碳化、铁质夹件夹紧位置不当，碰到铁芯、器身，或金属异物落在铁芯上，夹件或压紧铁芯的螺钉松动，铁芯上遗留有螺帽零件或变压器中掉入小金属物件
"啾啾"响声	分接开关不到位
轻微的"吱吱"火花放电声	分接开关接触不良

3.7.3　故障分析方法

1. 通过五官初步检查

用眼看：变压器安全部件完好程度，油颜色，放电痕迹，各种仪表指示是否正常等；用耳听：变压器运行声音是否正常；用鼻闻：有没有异味。

2. 借助仪表深入检查

(1) 绝缘电阻的测量。测量绝缘电阻是判断绕组绝缘状况的比较简单而有效的方法。油浸式变压器一般采用2500V的绝缘电阻表。

(2) 直流电阻的测量。测量分接开关处于不同挡位时的高压绕组电阻值。

3. 典型案例

值班人员发现箱式变电站起火，随即组织人员携带灭火器到箱式变电站现场灭火。现场发现箱式变电站开关室门已经崩开，正在燃烧，火势只在围栏内燃烧，没有外延。随后消防车进入现场，采用泡沫灭火方式进行灭火，将大火彻底熄灭。

事后经过调查分析，本次箱式变电站起火事故的原因如下：①低压箱体内的加热器长期加热，加之气温较高，导致电缆外绝缘性能破坏，A相电缆与箱体底板接触发生短路，使低压电缆及低压万能断路器过载；②由于断路器短路保护配置不完善，导致开关无法及时、正常开断；③开关长时间过载后开断时产生的电火花导致了弧光短路，断路器的绝缘材料阻燃性能不佳，引燃了开关，导致燃烧起火。

为防止今后发生类似箱式变电站起火事故，建议采取如下措施：

(1) 严格排查箱式变电站电缆外绝缘的完好程度，发现缺陷及时处理，在箱体底板处与电缆接触处采取防磨损措施，如加包绝缘材料等。

（2）定期对加热器温度传感器进行校验，必要时也可将加热器控制从自动变为手动，定期开启，确保适时投入加热器。

（3）对箱式变电站低压侧发生短路时的短路电流进行计算，进一步核实短路电流结果。

（4）应加强对箱式变电站的定期巡查，有条件可以在 10kV 线杆上加装摄像头，做到远方监控。

第4章 高压开关柜

高压开关柜主要是指用于电力系统发电、输电、电能转换和消耗中起通断、控制或者保护等作用的一种电气设备。

4.1 基 础 知 识

本书高压开关柜主要是指用于 10kV 三相交流 50Hz 的成套配电装置。

4.1.1 基本概念

高压开关柜又称成套开关或成套配电装置，它是以断路器（或负荷开关）为主的电气设备；是指生产厂家根据电气一次主接线图的要求，将有关的高、低压电器（包括控制电器、保护电器、测量电器）以及母线、载流导体、绝缘子等装配在封闭的或敞开的金属柜体内，作为电力系统中接受和分配电能的装置。

4.1.2 高压开关柜型号及意义

符号定义满足《高压开关设备和控制设备型号编制方法》（JB/T 8754—2007）规定。开关柜型号说明如图 4-1 所示。

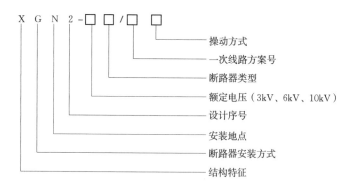

图 4-1 型号说明

（1）操动方式中，T 代表弹簧操动；D 代表电磁操动。

（2）断路器类型中，Z 代表真空断路器；S 代表少油断路器。

（3）安装地点中，N 代表户内；W 代表户外。

（4）断路器安装方式中，Y 代表移开式；G 代表固定式。

（5）结构特征中，K 代表铠装式；J 代表间隔式；X 代表箱式。

4.1.3　使用环境条件

（1）周围环境温度上限40℃，下限−25℃。环境温度过高，金属的导电率会降低，电阻增加，表面氧化作用加剧，同时，过高的温度也会使柜内的绝缘件的寿命大大缩短，绝缘强度下降；反之，环境温度过低，在绝缘件中会产生内应力，最终会导致绝缘件的破坏。

（2）海拔高度一般不超过1000m，对于安装在海拔高于1000m处的设备，由于高海拔地区空气稀薄，电器的外绝缘易击穿，所以采用加强绝缘型电器，加大空气绝缘距离，或在开关柜内增加绝缘防护措施。

（3）空气相对湿度：日平均值不大于95％，月平均值不大90％。

（4）其他条件：没有火灾、爆炸危险、严重污染、化学腐蚀及剧烈振动的场所。

4.2　结　构　及　分　类

开关柜应满足《3.6～40.5kV交流金属封闭开关设备和控制设备》（GB/T 3906—2006）标准的有关要求，由柜体和断路器（或负荷开关）两大部分组成，柜体由壳体、电器元件（包括绝缘件）、各种机构、二次端子及连线等组成。

4.2.1　高压开关柜一次组成

高压开关柜一次电器元件主要由母线、高压断路器、电流互感器、电压互感器、接地开关、隔离开关、避雷器、绝缘件等组成。

1. 母线

母线的作用是汇集、分配和传送电能。母线分硬母和软母，其中硬母又分矩形母线和管形母线，配网常用的为矩形母线。一般主母线布置按品字形或1字形两种结构排布在母线室。

2. 高压断路器

目前常见的高压断路器主要是真空断路器和SF_6断路器。断路器主要的作用主要有以下方面：

（1）控制作用。根据运行需要，投入或切除部分电力设备或线路。

（2）保护作用。在电力设备或线路发生故障时，通过继电保护及自动装置作用于断路器。将故障部分从电网中迅速切除，以保证电网非故障部分的正常运行。

3. 电流互感器

电流互感器简称TA，由闭合的铁芯和绕组组成，将大电流变换成适应仪器仪表工作的额定电流。

为了保证电力系统安全经济运行，必须对电力设备的运行情况进行监视和测量，但一般的测量和保护装置不能直接接入一次高压设备，而需要将一次系统的大电流按比例变换成小电流，供给测量仪表和保护装置使用。电流互感器的一次绕组匝数很少，串在需要测量的电流线路中，因此它经常有线路的全部电流流过；二次绕组匝数较多，串接在测量仪表和保护回路中。

电流互感器的作用主要有以下几点：

(1) 把大电流变换为小电流扩大仪表和继电器的量程。

(2) 使仪表电器与主电路绝缘，起隔离作用。

(3) 使仪表和继电器规格统一。

注意：电流互感器二次侧严禁开路。

4. 电压互感器

电压互感器简称 TV，是一个带铁芯的变压器，将高电压变换为适合仪器仪表工作的额定电压。

电压互感器的作用主要有以下几点：

(1) 将高电压变换为低电压扩大电压表和继电器的使用范围。

(2) 使用二次仪表和主电路隔离。

(3) 使仪表和继电器规格统一，易于实现标准化。

注意：电压互感器二次侧严禁短路。

5. 接地开关

接地开关是作为检修时保证人身安全，用于接地的一种机械接地装置。

在对电气设备进行检修时，对于可能送电至停电设备的各个方向或停电设备可能产生感应电压的都要合上接地开关，这是为了防止检修人员在停电设备（或停电工作点）工作时突然来电，确保检修人员人身安全的可靠安全措施，同时开关柜所断开的电器设备上的剩余电荷也可由接地开关合上接地而释放殆尽。

6. 隔离开关

隔离开关，即在分位置时，触头间有符合规定要求的绝缘距离和明显的断开标志；在合位置时，能承载正常回路条件下的电流及在规定时间内断开异常条件（例如短路）下的电流的开关设备。

隔离开关一般指的是高压隔离开关，即额定电压在 1kV 以上的隔离开关，通常简称为隔离开关，是高压开关电器中使用最多的一种电器，它本身的工作原理及结构比较简单，但是由于使用量大，工作可靠性要求高，因此对电网安全运行的影响较大。

隔离开关的主要特点是无灭弧能力，只能在没有负荷电流的情况下分、合电路。它没有断流能力，只能先用其他设备将线路断开后再操作。一般带有防止开关带负荷时误操作的联锁装置。

隔离开关的作用主要有以下几点：

(1) 保证在检修或备用的电气设备与其他正常运行的电气设备隔离，并给工作人员以明显的可见断点，从而保证检修工作中的安全。

(2) 与断路器配合，改变运行接线方式。

(3) 切、合小电流电路。

7. 避雷器

避雷器又叫电压限制器，主要用于保护电气设备免受瞬态过电压危害，其通常连接在电网导线与接地线之间，有时候也连接在电器绕组旁或导线之间。

避雷器在正常工作电压下，流过避雷器的电流仅有微安级，相当于一个绝缘体，当遭受过电压的时候，避雷器阻值急剧减少，使流过避雷器的电流可瞬间增大到数千安培，避雷器处于导通状态，释放过电压能量，从而有效地限制了过电压对输变电设备的侵害。

避雷器常见的有管型避雷器、阀型避雷器和氧化锌避雷器，目前使用最多的是氧化锌避雷器。

8. 绝缘件

高压开关柜的绝缘件主要包括穿墙套管、触头盒、绝缘子、绝缘热缩（冷缩）护套。

（1）穿墙套管。主要用于供导电部分穿过隔板、墙壁或其他接地物，起绝缘支持和外部导线母线间固定连接之用。开关柜中主要用于相邻开关柜母线室的连接、断路器与母线及线路的连接。

（2）触头盒。用于各种手车式开关柜。

（3）绝缘子。开关柜的绝缘子主要用于母线和配电装置上，作为高压导电部分的绝缘支撑物。

（4）绝缘热缩（冷缩）护套。护套一般用于母线上，可以防锈、防腐并起到一定的绝缘作用。一般分为黄、绿、红三种颜色，可以区分 A、B、C 相位。

4.2.2 高压开关柜二次组成

柜内常用的主要二次元件（又称二次设备或辅助设备，是指对一次设备进行监察、控制、测量、调整和保护的低压设备）有继电器、电度表、电流表、电压表、功率表、功率因数表、频率表、熔断器、空气开关、转换开关、信号灯、按钮、微机综合保护装置等。

4.2.3 高压开关柜分类

（1）按开关柜灭弧介质分为油、压缩空气、SF₆、真空型高压开关柜。

（2）按场地分为户内（N）和户外（W）型高压开关柜。

（3）按断路器安装方式分为固定装配式（用 G 表示）和移开式或手车式（用 Y 表示）型高压开关柜。

（4）按用途分为高压进线柜、PT 柜、避雷器柜、母联柜、变压器柜、出线柜、母联柜（分段柜）、计量柜型高压开关柜。

（5）按柜体结构分为金属封闭铠装式开关柜（如 KYN28A - 12）、金属封闭间隔式开关柜（如 JYN2 - 12）、金属封闭箱式开关柜（如 XGN2 - 12）、敞开式开关柜（如 GG - 1A）型高压开关柜。

（6）按种类分为中置柜、环网柜和箱变柜型高压开关柜。

4.2.4 常见开关柜

1. XGN 系列开关柜

XGN 金属封闭箱式开关柜（简称开关柜）主要用于电压为 3kV、6kV、10kV，频率为 50Hz 的三相交流电力系统中电能的接受与分配。有以下结构特点：

（1）XGN15-12 型开关柜采用金属封闭箱式结构，主开关与柜体为固定安装，主回路系统的各隔室均有压力释放装置和通道，各隔室均可靠接地，而且封闭完善，外壳防护等级达到 IP3X。开关室内装有 FL（R）N36-12D 型三工位负荷开关，该负荷开关的外壳为环氧树脂浇注而成，内充 SF_6 气体。

（2）XGN2-10 箱型固定式交流金属封闭开关设备，用于额定电压 3.6kV 及 10kV、三相交流 50Hz 系统中，作为接受和分配电能的户内成套配电设备，具有对电路控制保护和监测等功能。

2. HXGN 系列开关柜

HXGN-10 型高压开关柜（简称环网柜），是三相交流额定电压 10kV、额定频率 50Hz 的户内箱式交流金属封闭开关设备。适用于工厂、车间、小区住宅、高层建筑等场所的配电系统，环网供电或双电源辐射供电系统，也适用于箱式变电站中起接受、分配和保护作用。

3. KYN 系列适用范围

KYN 系列开关柜全称户内交流金属铠装移开式开关设备（简称手车式柜），手车式柜适用于额定电压 3~10kV、交流 50Hz 中心点不接地的单母线及单母线分段系统的户内成套配电装置，供各类型发电厂、变电站及工矿企业接受和分配网络电能，对电路实行控制保护监测。

4.3 二次回路部分

4.3.1 负荷开关和组合电器的二次回路组成

高压开关柜二次回路主要分为分闸回路、合闸回路、闭锁回路、储能回路、机构防跳回路、TA 回路、TV 回路、指示灯回路、温湿度控制器回路、照明回路、带电显示装置回路。

4.3.2 负荷开关和组合电器的二次回路说明

1. 分闸回路

分闸回路的作用是控制分闸电磁铁工作，确保开关准确分闸。

2. 合闸回路

合闸回路的作用是控制合闸电磁铁工作，确保开关准确合闸。合闸回路有以下联锁：

（1）与分闸回路的联锁。在已合闸的状态下，不能再次执行电控合闸操作。

（2）与储能电机回路的联锁。在未储能的状态下，不能再次执行电控合闸操作。

3. 闭锁回路

当闭线圈不得电时，不能进行合闸操作。防止人员误碰合闸回路，造成事故。此回路还可根据现场需求与隔离开关、负荷开关等组成电气联锁。

4. 储能回路

当开关未储能时，储能辅助接点闭合，电机通电开始储能，储能结束后，储能辅助开关动作，接点断开，电机失电，储能结束。

5. 机构防跳回路

防跳回路是指防止跳跃的电气回路。开关装置配有电气的分闸和合闸按钮，当分闸按钮一直按下时，如果此时合闸回路出现问题一处于接通状态（例如操作人员未松开手柄，自动装置的合闸接点粘连），开关就会出现合闸后立即分闸、分闸后又立即合闸的跳跃动作，最终导致开关损坏事故扩大。

6. 指示灯回路

主要有分闸指示、合闸指示、试验指示、工作指示、接地刀分闸指示、接地刀闭合指示。

7. 温湿度控制器回路

主要作用是对开关柜加热或者除湿。开关柜内元器件正常工作时对温度和湿度都有要求，温度过低元件不能正常工作或者损坏，湿度过高，会在绝缘表层形成凝露，降低绝缘性能。

8. 照明回路

对柜检查时进行照明的回路。打开柜门时触动行程接点，灯泡通电，关闭柜门时，行程接点断开，灯泡失电。

9. 带电显示装置回路

检测一次设备是否带电。当高压部分有电时，指示灯亮，装置发出闭锁信号。当高压部分无电时，指示灯熄灭，装置解除闭锁信号。

4.3.3　XGN68 柜二次回路说明

（1）XGN68 柜的二次原理图如图 4-2 所示，二次仓现场图如图 4-3 所示。

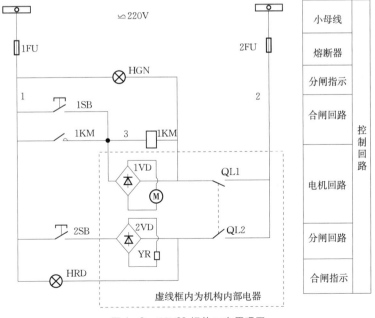

图 4-2　XGN68 柜的二次原理图

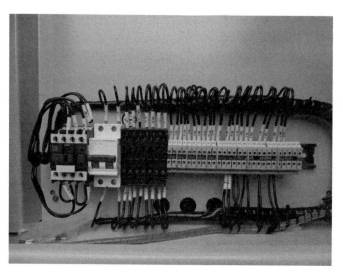

图 4-3　二次仓现场图

（2）二次原理图中的元器件名称见表 4-1。

表 4-1　　　　　　　　　　　　　二次元器件符号名称

代号	名称	规格型号	备注
1-2VD	整流元件	KBPC2510	机构内部
YR	跳闸线圈	DC1.5A	机构内部
K	交流接触器	CJ10 AC220V	
HRD	红色信号灯	AD11-25/21	
HGN	绿色信号灯	AD11-25/21	
1-2SB	按钮开关	LA18-22AC220V	
QL1-2	辅助开关	F10-22/W2	机构内部
M	电动机	53ZY-CJ02　DC220V 30W	机构内部
1-2FU	熔断器	RL1-15/6A	

4.4　安 装 验 收 标 准

4.4.1　安装

1. 型号、参数核对

柜体及柜内各元器件参数应与设计要求相符。

2. 防护等级检查

开关柜防护等级的定义见表 4-2。

表 4-2 开关柜防护等级的定义

防护等级	简称	定义
IP1X	防止直径大于 50mm 的物体	(1) 防止直径大于 50mm 的固体进入壳内。 (2) 防止人体某一大面积部分（如手）意外触及壳内带电部分或运动部件
IP2X	防止直径大于 12.5mm 的物体	(1) 防止直径大于 12.5mm 的固体进入壳内。 (2) 防止手触及壳内带电部分或运动部件
IP3X	防止直径大于 2.5mm 的物体	(1) 防止直径大于 2.5mm 的固体进入壳内。 (2) 防止厚度（直径）大于 2.5mm 的工具或金属线触及柜内带电部分或运动部件
IP4X	防止直径大于 1mm 的物体	(1) 防止直径大于 1mm 的固体进入壳内。 (2) 防止厚度（直径）大于 1mm 的工具或金属线触及柜内带电部分或运动部件
IP5X	防尘	(1) 能防止灰尘进入达到影响产品的程度。 (2) 完全防止触及柜内带电部分或运动部件
IP6X	尘密	(1) 完全防止灰尘进入壳内。 (2) 完全防止触及柜内带电部分或运动部件

（1）柜体防护等级应达到 IP4X（柜门打开后达到 IP2X）。

（2）如对柜门上装设的防爆玻璃等性能有疑问，应请制造厂提供试验报告。

（3）开关柜应有可靠的释压装置，释压装置应设在柜顶部，应采用尼龙螺丝，方向不应朝向巡视通道。

3. 外绝缘检查

（1）开关柜内应清扫干净。绝缘外表面应光洁、瓷瓶无破损、无裂纹。

（2）如开关柜采用复合绝缘或固体绝缘封装等可靠技术，可适当降低其绝缘距离要求。

（3）断路器断口外绝缘爬电距离应为相对地的 1.15 倍。

（4）柜内互感器安装位置是否满足现场预试工作条件。

4. 导体相间距离检查

（1）对裸导体，10kV 相间距离不小于 125mm。

（2）外露于空气部分裸导体相间距离达不到规定，应采用复合绝缘措施，如采用流化工艺或加装绝缘套、SMC 隔板等，并应通过现场交接耐压试验。

5. 柜体检查

（1）穿柜套管表面清洁，无裂纹、无放电痕迹，安装紧固，底板有隔磁处理。

（2）柜体静触头表面光滑无损伤，螺丝使用力矩扳手紧固无松动，力矩要求满足厂方说明书要求。

（3）接地开关触头接触位置正确，动静触头对齐，接触深度足够，触头弹簧正压力满足厂方说明书要求。

（4）柜体活门动作正确，灵活无卡涩、无变形，机构连杆销钉锁片完好可靠。

（5）柜体板材剪切、折边处无毛刺、刃口，应光滑倒圆角。

（6）柜体孔洞封堵应完好。

6. 柜体接地检查

（1）柜体应接地良好。

（2）柜体各元器件接地良好。

（3）沿开关柜的整个长度延伸方向，应设有专用的接地汇流铜质排，其最小截面不小于 $200mm^2$。

（4）柜之间的专用接地汇流母线排均相互连接，并通过专用端子连接牢固。

7. 一次引线安装

（1）包括母线桥在内的母线、间隔分支线导体螺栓紧固，连接可靠，接触面应涂有电力复合脂。

（2）开关柜母线及间隔分支引线母排采用圆角形截面，端头要倒圆处理，改善电场分布，并加装热缩套或采用环氧树脂喷粉流化工艺。

（3）固定导体的螺栓规格、数量应符合安装有关规范，螺栓露牙 2～3 丝。

（4）开关柜内电缆和柜内铜排的搭接面至少需用两颗螺丝固定，馈线流变和引线搭接面至少两颗螺丝固定。

（5）开关柜与出线电缆搭接面采用 $\phi 13mm$ 孔径，两孔间距 40mm，下孔边缘距铜排边缘 20mm。

（6）应至少抽检 1 台进线柜、2 台馈线柜导体螺栓紧固情况（使用标准力矩扳手等工具，力矩要求满足厂方说明书要求）。

（7）相色标志正确，需在母排两面标识。

8. 断路器弹簧机构

（1）弹簧机构内螺栓紧固，轴、销、卡片等零部件完好，二次接线紧固无松动。

（2）机构合闸后，应能可靠地保持在合闸位置。

（3）弹簧机构缓冲器的行程，应符合产品技术条件。

（4）应在机构上装设显示弹簧储能状态的指示器。

（5）合闸弹簧储能完毕后，限位辅助开关应立即将电机电源切断。

（6）合闸完毕后，辅助开关应将储能电机电源接通，储能时间满足产品技术条件，并应小于重合闸充电时间。

（7）合闸位置应有标志，宜用字符"1"或"合"；分闸位置应有标志，宜用字符"0"或"分"。

9. 五防闭锁功能检查

防误逻辑闭锁功能应满足"五防"功能，即：

（1）防止误分、合断路器。

（2）防止带负荷拉、合隔离开关或手车触头。

（3）防止带电挂（合）接地线（接地刀闸）。

（4）防止带接地线（接地刀闸）合电断路器（隔离开关）。

（5）防止误入带电间隔。

10. 二次接线

（1）二次接线应正确，标示清楚，特别检查流变、压变接线组别、极性是否正确。

（2）压变检查接线正确，防止压变二次侧短路。

（3）二次引线应无损伤，接线应连接可靠。

（4）二次接线端子间应清洁无异物。

（5）每一个端子片最多只能接两根接线，且同一个端子接线的截面必须相同，防止设备在长时间运行后出现外部连接线松动的现象。

（6）正极和跳闸回路应空一个端子。

（7）电缆备用芯子应做好防误碰措施。

（8）电流互感器、电压互感器二次绕组必须有一个可靠接地点，且不允许二点及以上多点接地。

（9）备用的电流互感器二次端子应短接后接地。

（10）二次线应采用走线槽、金属隔板固定。

（11）二次电缆应固定，电缆编号牌扎线应牢固、可靠。

（12）加热器与相邻零部件、电缆间距保持合理的距离，防止邻近零部件、电缆过热受损。

（13）开关柜二次电缆槽和柜顶小母线槽间应有防火隔离措施。

11．控制和信号回路

（1）柜内相关的继电器、加热器回路的温湿度控制器应设置准确，功能完好。

（2）二次元器件应标识清楚。

（3）加热器电源工作正常，并装设空气开关。

（4）二次仓内应装设照明灯。

（5）断路器、小车、负荷开关、隔离开关各种信号指示正确。

4.4.2 投产交接试验

1．投产交接试验项目

（1）主回路的工频耐压试验。

（2）辅助回路和控制回路的工频耐压试验。

（3）主回路直流电阻测试。

2．工频耐压试验

工频耐压试验应符合制造厂所规定的技术条件。

3．直流电阻测试

主回路（包括母线、母线桥、分支出线回路）直流电阻测量：

（1）满足产品技术规定，并与出厂值无大差别，不大于1.2倍。

（2）三相相对差值不得超过最小相的20％。

4．相关设备技术标准

高压开关柜内断路器、避雷器等元件的试验参照相关标准执行。

5．带电显示装置试验

带电显示器结合耐压试验，交流升至6000V时带电显示器显示正常，涉及的防误联锁功能正常。

6. 二次回路绝缘电阻

二次回路的每一支路和断路器、隔离开关的操动机构的电源回路等，应均不小于2MΩ。

7. 二次回路交流耐压试验

试验电压为1000V。当回路绝缘电阻值在10MΩ以上时，可采用2500V兆欧表代替，试验持续时间为1min。

4.4.3 验收时提交的资料和文件

（1）变更设计的证明文件。
（2）制造厂提供的产品说明书、试验记录、合格证件及安装图纸等技术文件。
（3）安装调整记录。
（4）现场试验记录。
（5）备品、备件、专用工具清单。

4.5 状 态 检 修

1. 状态评价

10kV开关柜状态评价以台为单位，包括本体、操动机构及控制回路、辅助部件等部件，各部件的范围划分见表4-3。

表4-3　　　　　　　　　　10kV开关柜各部件的范围划分

部件	评价范围
本体P1	隔离开关、断路器、熔断器
操动机构及控制回路P2	弹簧机构、分合闸线圈、辅助开关、二次回路、端子
辅助部件P3	带电指示、压力表、二次仪表、绝缘子、接地、构架及基础

10kV开关柜的评价内容分别为绝缘性能、开断能力、载流能力、SF$_6$气体、机械性能和外观。

各部件的评价见表4-4。

表4-4　　　　　　　　　　各 部 件 的 评 价 内 容

部件	绝缘性能	开断能力	载流能力	SF$_6$气体	机械性能	外观
本体	√	√	√	√	√	√
操动系统及控制回路	√				√	√
辅助部件	√					√

评价内容包含的状态量见表 4-5。

表 4-5　　　　　　　　　　　　评价内容包含的状态量

评价内容	状　态　量
绝缘性能	绝缘子绝缘，操动机构及控制回路绝缘，交流耐压试验
开断能力	短路电流开断能力满足系统短路容量
载流能力	回路电阻，导电连接点的相对温差或温升
SF_6 气体	SF_6 气体泄漏，SF_6 气体含水量
机械性能	分、合闸操作，辅助开关投切状况，回路中三相不一致或连跳功能
外观	带电显示器，二次元器件、仪表，弹簧机构弹簧有裂纹或断裂；拐臂、连杆、拉杆、金属件锈蚀，接地，构架和基础

10kV 开关柜的状态量以查阅资料、停电试验、带电检测、巡视检查和在线监测等方式获取。

当下述状态量达到最大扣分值时，不再对该断路器进行评估而直接进入以下处理程序：

（1）累计机械操作次数达到制造厂规定值时，进入大修程序。

（2）SF_6 气体压力达到报警时，进入缺陷处理程序。

（3）SF_6 气体含水量超过 $600\mu L/L$ 时，进入缺陷处理程序。

（4）操动机构各类状态量引起分合闸操作闭锁或拒动时，进入缺陷处理程序。

（5）三相不一致、连跳回路功能损坏时，进入缺陷处理程序。

（6）机构弹簧有裂纹或断裂，拐臂、连杆、拉杆断裂时，进入缺陷处理程序。

10kV 开关柜状态评价以量化的方式进行，各部件起评分为 100 分。根据部件得分及其评价权重计算整体得分。各部件的最大扣分值为 40 分，权重见表 4-6。

表 4-6　　　　　　　　　　　　各　部　件　权　重

部件	本体	操动系统及控制回路	辅助部件
部件代号	P1	P2	P3
权重代号	K1	K2	K3
权　重	0.4	0.4	0.2

10kV 开关柜的状态量和最大扣分值见表 4-7。

表 4-7　　　　　　　　10kV 开关柜的状态量和最大扣分值

序号	状态量名称	部件代号	最大扣分值
1	套管及开关外绝缘	P1	40
2	交流耐压试验	P1	40

序号	状态量名称	部件代号	最大扣分值
3	短路电流开断能力满足系统短路容量	P1	40
4	回路电阻	P1	40
5	导电连接点的相对温差或温升	P1	40
6	SF₆ 气体泄漏	P1	40
7	SF₆ 气体含水量	P1	40
8	操动机构及控制回路绝缘	P2	40
9	分合闸操作动作异常	P2	40
10	拐臂、连杆、拉杆	P2	40
11	回路中三相不一致或连跳功能	P2	40
12	机构弹簧外观	P2	10
13	辅助开关投切状况	P2	10
14	接地	P3	30
15	带电显示器	P3	20
16	构架和基础	P3	20
17	二次仪表	P3	10

2. 评价结果

$$某一部件的最后得分 = MP \cdot KF \cdot KT$$

其中

$$MP = 100 - 相应部件的扣分总和$$

$$KT = 100 - 该部件的运行年数$$

式中 MP——某一部件的基础得分；

KF——家族性缺陷系数，对存在家族性缺陷的部件，取 $KF = 0.95$；

KT——寿命系数。

各部件的评价结果按量化分值的大小分为"正常状态""注意状态""异常状态"和"重大异常状态"四个状态。分值与状态的关系见表 4-8。

（1）当配电设备所有部件的得分在"正常状态"及以上时，配电设备的最后得分按以下方法计算：

$$配电设备的最后得分 = \sum KP \cdot MP$$

（2）当配电设备所有部件中有一个得分在"注意状态"及以下时，最后得分按得分最低的部件计算。

表 4-8   10kV 开关柜部件评价分值与状态的关系

部件	<85~100	<75~85	<60~75	≤60
本体	正常状态	注意状态	异常状态	重大异常状态

部件	<85~100	<75~85	<60~75	≤60
操动系统及控制回路	正常状态	注意状态	异常状态	重大异常状态
辅助系统	正常状态	注意状态	异常状态	

3. 检修安排

按工作性质、内容及工作涉及范围，将开关柜检修工作分为 A 类检修、B 类检修、C 类检修、D 类检修。其中 A、B、C、类都是停电检修，D 类是不停电检修。

（1）A 类检修。是指开关柜的整体解体检查和更换。

（2）B 类检修。是指开关柜局部性检查，元件的解体检查、维修、更换、试验及处理。

（3）C 类检修。是指开关柜的常规性检查、维护和试验。

（4）D 类检修。是指开关柜在不停电状态下的带电检测、外观检查和维修。

根据评价结果，安排具体检修性质见表 4-9。

表 4-9　　　　　　　　　　开关柜状态评价结果对应的检修类型

部件	状态量	状态变化因素	注意状态	异常状态	严重状态
本体	绝缘电阻	开关本体、隔离闸刀及套管绝缘电阻	计划安排 B 类或 A 类检修	及时安排 B 类或 A 类检修	限时安排 B 类或 A 类检修
	回路电阻	主回路电阻值异常	计划安排 B 类或 A 类检修	及时安排 B 类或 A 类检修	—
	温度	导电连接点温度、相对温差异常	计划安排 B 类或 A 类检修	及时安排 B 类或 A 类检修	限时安排 B 类或 A 类检修
	放电声音	异常放电声音	—	及时安排 B 类或 A 类检修	限时安排 B 类或 A 类检修
	SF₆ 仪表显示	SF₆ 断路器或负荷开关气体压力异常	计划安排 B 类或 A 类检修	—	限时安排 B 类或 A 类检修
附件	绝缘电阻	TA、TV 及避雷器绝缘电阻不合格	—	—	限时安排 B 类或 A 类检修
	污秽	污秽	计划安排 C 类、B 类或 A 类检修	及时安排 C 类、B 类或 A 类检修	限时安排 C 类、B 类或 A 类检修
	完整	绝缘件破损	计划安排 B 类或 A 类检修	及时安排 B 类或 A 类检修	限时安排 B 类或 A 类检修
	凝露	凝露	计划安排 B 类或 A 类检修	及时安排 B 类或 A 类检修	—

部件	状态量	状态变化因素	注意状态	异常状态	严重状态
操动机构	绝缘电阻	机构控制回路绝缘异常	计划安排 B 类或 A 类检修	及时安排 B 类或 A 类检修	—
	分合闸操作	分合闸操作动作异常	计划安排 B 类或 A 类检修	—	立即安排 B 类检修或 A 类检修
	联跳功能	联跳功能异常	计划安排 B 类或 A 类检修	—	立即安排 B 类检修或 A 类检修
	"五防"功能	"五防"功能异常	计划安排 B 类或 A 类检修	及时安排 B 类或 A 类检修	立即安排 B 类或 A 类检修
	机械特性	分合闸指示异常	计划安排 B 类或 A 类检修	—	—
	辅助开关投切状况	投切异常	—	—	—
辅助部件	接地引下线外观	接地体连接不良，埋深不足	计划安排 D 类检修	及时安排 D 类检修	限时安排 D 类检修
	接地电阻	接地电阻异常	—	及时安排 D 类检修	—
	带电显示器	带电显示器显示不正常	计划安排 D 类或 B 类、A 类检修	—	—
	仪表指示	仪表指示不正常	计划安排 D 类或 B 类、A 类检修	—	—
标识	标识齐全	设备标识和警示标识不全，模糊、错误	计划安排 D 类检修	（1）立即挂设临时标识牌。（2）及时安排 D 类检修	—

4. 状态检修导则

（1）状态检修实施原则。状态检修应遵循"应修必修，修必修好"的原则，依据设备状态评价的结果，考虑设备风险因素，动态制定设备的检修计划，合理安排状态检修的计划和内容。

开关柜状态检修工作内容包括停电、不停电测试和试验以及停电、不停电检修维护工作。

（2）状态评价工作的要求。状态评价应实行动态化管理。每次检修后应进行一次状态评价。

（3）新投运设备状态检修。新设备投运初期（新设备投运后两年内）按照《输变电设备状态检修试验规程》（Q/GDW 168—2008）规定，应进行例行试验，同时应对设备及其附件（包括电气回路和机械部分）进行全面检查，收集各种状态量，并进行一次状态评价。

（4）老旧设备的状态检修实施原则。对于运行达到一定年限、故障或发生故障概率明显增加的设备，应具备设备运行及评价结果，对检修计划及内容进行调整，必要时增加诊断性试验项目。

4.6 巡检项目及要求

4.6.1 日常巡视项目

（1）保护压板的投、退符合运行要求。

（2）电流和电压正常。

（3）各类指示灯正常、无故障报警显示。

（4）带电显示器显示正常。

（5）控制面板显示与手车位置一致。

（6）多功能数字仪表显示正常。

（7）控制开关与远方/就地开关显示正常。

（8）断路器处于储能状态。

（9）设备无异味、无振动声、温湿度正常。

（10）电缆接头处无发热、脱落及打火现象。

（11）电压互感器柜电压指示正常。

4.6.2 特殊巡视要求

（1）新设备投运及大修后，巡视周期应缩短，72h后转入正常巡视。

（2）如遇到下列情况，应对设备进行特殊巡视：

1）设备负荷有显著增加。

2）设备经过检修、改造或长期停用后重新投入系统运行。

3）设备缺陷近期有发展。

4）恶劣气候、事故跳闸和设备运行中发现可疑现象。

5）法定节假日和上级通知有重要供电任务期间。

4.6.3 定期巡检项目

（1）雨季应检查加热装置是否正常。

（2）定期进行温湿度检测。

（3）定期进行局放测试。

4.7 C 级 检 修

4.7.1 准备工作

(1) 所需人员：3~6 人。

(2) 工具。常用电工工具及专用检修工具和相关试验设备。

(3) 材料。润滑油 1kg，油漆（每台高压开关柜需红、黄、绿各 1kg），扁油刷 1 把，抹布 5 条，防锈漆 2kg，干黄油 2kg。

(4) 开关柜检修前，了解设备的运行状况、存在的缺陷。

(5) 根据大修项目，制定大修进度、工时计划、备品备料、人员安排。

(6) 准备试验用仪器仪表，所用仪器仪表良好，有校验要求的仪器应在校验周期内。

(7) 熟悉设备图纸、安装说明书。

(8) 组织工作班成员学习作业指导书，使全体作业人员熟悉作业内容、作业标准、安全注意事项。

(9) 向工作人员交代技术要求及安全措施。

(10) 检修前办理好相关检修工作票，认真填写相关检修记录。

4.7.2 危险点分析及预控

1. 使用合格的安全工器具

所使用的梯子、安全带。防护用具和电动工器具必须合格，在现场使用前检查。

2. 工作范围

(1) 走错间隔。应设专人监护、工作现场至少 2 人一起工作。履行好工作票手续，开好现场交底会。相联间隔在运行，应有明确的隔离措施和警告，防止误入带电间隔，误碰带电设备。

(2) 随意扩大或改变工作范围、工作内容。必须先履行工作票许可手续后，方能进入工作现场，做好"二交一查"工作。

(3) 触及柜内带电部位。母线、线路不停电时，禁止进入柜内检修。

3. 感应电

挂好保安线、做好安全手续，加强监护。在工作区域内必须能够看到有可能来电方向的接地线或者接地闸刀。

4. 电源

(1) 接电源时，使用触电保护器，2 人一起工作，试验前检查绝缘线，接线前做好防脱落措施。

(2) 检修电源时，必须按规范接取和使用，电器设备、电源设施在使用前检查完好。

5. 登高作业

(1) 高空坠落、高空坠物。登高时设专人护梯子，工作现场戴好安全帽，拆搭使用工具袋。

（2）梯子摆放不平稳，梯子、绝缘棒搬运未按要求。工作时梯子摆放平稳，搬运长物时应横向两人搬运。

（3）登高时工作人员滑落或坠落。梯子要有防滑措施。

6. 试验相关

（1）为避免误入试验区域。试验区域应围好安全围栏，设置警示灯，挂警示牌，加强监护。

（2）工作时未穿绝缘靴。按要求穿绝缘靴和使用绝缘垫。

（3）一次、二次和高试人员多工种交叉作业时，为避免人身受伤、设备损坏，要有专人指挥，错开时间工作。

7. 对开关机构检修

必须将操作机构中的弹簧能量释放，防止伤人。切断操作电源与控制电源，并确认断路器处于分闸状态。

8. 设备上遗留物品

清理工作现场，清点物品，认真检查工作现场，严格履行好验收制度。拆卸的零件应放置在平稳的地方，必要时固定，防止坠落。

9. 工作协调

在开关小车调整过程中，作业人员必须上下协调，统一指挥。

4.7.3 检修项目及工艺标准

检修项目及工艺标准见表 4-10。

表 4-10　检修项目及工艺标准

序号	检修项目	工艺要点及注意事项	质量标准
1	开关柜体检修	（1）检查机构连杆、轴销等情况。注意：单个开关柜检修时，若母线未停电，严禁合真空断路器。 （2）接地闸刀及闭锁机构检查。 （3）柜内加热器检查	（1）开关柜内无异物，轴销齐全、连杆无变形现象。 （2）各电气连接部分可靠、无过热变色变形等现象。各闭锁装置正常并涂抹凡士林。 （3）接线紧固无松动，端子编号齐全，加热器完好
2	断路器本体检修	（1）用干净的白布清洁断路器各部位。注意：确认断路器处于分闸状态。 （2）各金属构件检查。 （3）一次隔离触头检查，触头表面涂抹少量油脂	（1）各部位清洁无灰尘。 （2）断路器本体完好无变形、无磨损、部件齐全不缺。各固定件紧固无松动。焊接部位完整。 （3）触头清洁光滑，无变色变形现象，压力适中，螺丝紧固无松动

序号	检修项目	工艺要点及注意事项	质量标准
3	操作机构检修	（1）各转动、传动部件检查，并加注少量机油。 （2）所有弹性销、开口销、环形开口卡簧检查。 （3）储能弹簧、分闸弹簧、弹簧导向杆检查。 （4）手动储能，检查储能操作机构、储能显示器、储能终了限位开关的动作情况。 （5）手动分合开关一次，检查分合闸机构动作情况	（1）各部件清洁、完好，无磨损、断裂等现象。 （2）弹性销齐全不缺无松动，开口销已打开，环形卡簧固定牢固。 （3）弹簧固定牢固，弹簧匝间均匀，弹簧和导向杆无锈蚀，导向杆端部固定良好。 （4）储能机构操作平稳灵活无卡涩，弹簧挂钩可靠。储能显示器动作灵活无卡涩，储能结束储能显示器应显示黄色，限位开关固定牢固，动作可靠。 （5）开关分合闸机构灵活，分合闸动作正确可靠
4	二次控制回路检修	（1）所有二次接线清扫、检查、紧固。 （2）辅助开关检查。 （3）分合闸线圈检查。 （4）辅助继电器清扫检查。 （5）储能马达清扫检查	（1）接线牢固，编号完整清晰，螺丝齐全无滑牙现象。 （2）固定牢固，接点完好，动作可靠。 （3）线圈完好，绝缘层无变色、开裂、发脆等现象。线圈铁芯活动自由，无卡涩变形。 （4）继电器外壳清洁完好无碎裂。内部接线焊接牢固无虚焊、脱焊现象，接触良好。 （5）马达清洁无灰尘、固定牢固。马达整流子表面光滑无划痕、无变色。碳刷完整无缺损、无裂纹，碳刷接触面大于70%，长度适中，碳刷弹簧弹性良好。马达引线端子接线紧固无松动、无过热变色现象
5	辅助设备检修	（1）清扫检查电缆仓。 （2）TA、TV、支撑瓷瓶检查。 （3）动力电缆头检查。 （4）接地装置检查。 （5）母线、各绝缘子及接头等检查	（1）内部清洁无灰尘。 （2）TA、TV、支撑瓷瓶外表绝缘完好，无积灰、开裂、劣化现象。 （3）电缆头主绝缘完好，相位标记清晰，相序对应一致。 （4）操作良好，接地可靠，活动件的轴销、卡簧齐全不缺。 （5）母线、绝缘子完好，无放电痕迹，无龟裂、变形等现象。接头牢固无过热、变色等现象

序号	检修项目	工艺要点及注意事项	质量标准
6	测量	（1）用 2500V 兆欧表测量主回路对地绝缘。 （2）用 500V 兆欧表测量控制回路对地绝缘。 （3）用 2500V 兆欧表测量主回路相间绝缘。 （4）用 500V 兆欧表分别测量分闸线圈、合闸线圈、辅助继电器 X、Y 线圈的绝缘电阻。 （5）用万用表测量分、合闸线圈、辅助继电器线圈的直流电阻。 （6）用 500V 兆欧表测量储能马达线圈的绝缘电阻，用万用表测量其直流电阻。 （7）用 500V 兆欧表测量柜内加热器的绝缘电阻，用万用表测量其直流电阻	（1）绝缘电阻应不小于 500MΩ。 （2）绝缘电阻不小于 5MΩ。 （3）绝缘电阻应不小于 500MΩ。 （4）绝缘电阻应不小于 5MΩ。 （5）与标称值相近。 （6）绝缘电阻不小于 5MΩ。 （7）绝缘电阻应不小于 10MΩ
7	断路器及辅助设备试验	（1）交流耐压试验。 （2）辅助回路和控制回路交流耐压试验。 （3）导电回路电阻测试。 （4）分合闸时间特性、同期性测试。 （5）低电压动作试验。 （6）TA、TV 试验	《电力设备预防性试验规程》（DL/T 596—1996）

4.7.4 收尾工作

（1）检查是否有工具或异物遗留在柜内。

（2）检查是否所有应检修打开的盖板已经全部密封。

（3）检查螺丝是否已全部拧紧。

（4）清理现场，清点工具。

（5）记录好检修工艺卡。

（6）做好电气实验报告。

4.8 反事故技术措施

4.8.1 设计、施工的有关要求

（1）高压开关柜应优先选择 LSC2 类（具备运行连续性功能）、"五防"〔防止误分

（误合）断路器；防止带负荷拉（合）隔离开关；防止带电合接地开关、挂接地线；防止带地线（接地开关）合断路器（隔离开关）；防止误入带电间隔〕功能完备的产品，其外绝缘应满足有关规定。运行经验表明，热缩套包裹导体来加强绝缘不能满足安全运行要求，因此对采用热缩形式的，其设计尺寸按裸导体要求，如开关柜采用复合绝缘或固体绝缘封装等可靠技术，可适当降低其绝缘距离要求，但还应通过凝露、污秽、老化试验，招标采购时，制造厂应提供相应型式试验报告。

（2）高压开关柜内一次接线应符合《国家电网公司输变电工程通用设计 110～500kV 变电站分册（2011 年版）》要求，避雷器、电压互感器等柜内设备应经隔离开关（或隔离手车）与母线相连，严禁与母线直接连接。其前面板模拟显示图必须与其内部接线一致，开关柜可触及隔室、不可触及隔室、活门和机构等关键部位在出厂时应设置明显的安全警告、警示标识。柜内隔离金属活门应可靠接地，活门机构应选用可独立锁的结构，可靠防止检修时人员失误打开活门。

（3）高压开关柜内的绝缘件（如绝缘子、套管、隔板和触头罩等）应采用阻燃绝缘材料。

（4）应在开关柜配电室配置通风、除湿防潮设备，防止凝露导致绝缘事故。

（5）开关柜设备在扩建时，必须考虑与原有开关柜的一致性。

（6）开关柜中所有绝缘件装配前均应进行局部放电检测，单个绝缘件局部放电量不大于 3pC。

4.8.2 基建阶段应注意的问题

（1）基建中高压开关柜在安装后应对其一次、二次电缆进线处采取有效封堵措施。

（2）为防止开关柜火灾蔓延，在开关柜的柜间、母线室之间及与本柜其他功能隔室之间应采取有效的封堵隔离措施。

4.8.3 运行中应注意的问题

（1）手车开关每次推入柜内后，应保证手车到位和隔离插头接触良好。在交接验收时，手车开关推入柜内后，应检查隔离插头的插入深度是否满足厂家规定的参数。

（2）每年迎峰度夏（冬）前应开展超声波局部放电检测、暂态地电压检测，及早发现开关柜内绝缘缺陷，防止由开关柜内部局部放电演变成短路故障。超声波局部放电测试和暂态地电波测试能够有效发现开关柜内存在的因导体尖角、屏蔽不良等缺陷，通过对测量数值的比较分析可以对开关柜内部绝缘情况进行评估，及时发现绝缘缺陷。

（3）加强开展开关柜温度检测，对温度异常的开关柜强化监测、分析和处理，防止导电回路过热引发的柜内短路故障。

（4）加强带电显示闭锁装置的运行维护，保证其与柜门间强制闭锁的运行可靠性。防误操作闭锁装置或带电显示装置失灵应作为严重缺陷尽快予以消除。

（5）加强高压开关柜巡视检查和状态评估，对用于投切电容器组等操作频繁的开关柜要适当缩短巡检和维护周期。当无功补偿装置容量增大时，应进行断路器容性电流开合能力校核试验。

4.9 常见故障原因分析、判断及处理

4.9.1 高压开关柜查找故障的一般方法

（1）问：问存在的缺陷，以前处理的经过。

（2）看：观察故障的现象。

（3）闻：是否有绝缘破坏烧焦的异味。

（4）听：是否异常的声音，如电机缺相等。

（5）摸：是否有异常发热的情况。

（6）拽：检查端子排二次线是否松动。

4.9.2 高压开关柜故障查找的原则

（1）不轻易出手，出手前应仔细观察现象。

（2）先动口再动手。

（3）先外部后内部。

（4）先机械后电气。

（5）先静态后动态。

（6）先普遍后特殊。

4.9.3 高压开关柜缺陷类型

1. 人身伤害类隐患

（1）防爆及压力释放装置不完善。比如无压力释放通道，或泄压通道未采用尼龙螺丝。

（2）电压互感器、避雷器直接与母线相连，存在人身触电风险。

（3）柜内静触头防护挡板、观察窗安全防护等级不足。

（4）部分高压开关柜，后部下柜门未与接地开关形成机械闭锁，可拆除螺丝直接打开后柜门，在未关柜门的情况下也能合闸送电，易造成检修人员误开、误入带电间隔。部分开关柜后柜门上、下两部分不能独立闭锁，部分开关柜手车拉出后，可以轻易地将绝缘隔离挡板推上，没有防误闭锁，运维人员易误开启断路器静触头活门挡板，造成人员触电事故。

2. 绝缘故障缺陷

绝缘放电是高压开关柜出现绝缘故障的最主要原因。近年来，高压开关柜体积不断缩小，柜内绝缘性能发生缺陷、故障增多。主要有以下几个方面：

（1）爬距和空气间隙不够。现在很多设备生产厂家为了缩小柜体的尺寸，在未有效保证绝缘强度的情况下大幅度减小开关柜内的断路器、隔离触头以及铜排的相间距离和对地距离。

（2）绝缘件缺陷，多为穿板套管闪络放电，主要原因为屏蔽结构缺失、损坏或者设计不良造成。

（3）电流互感器、电压互感器绝缘材料工艺不良，造成设备发热后绝缘老化严重。

（4）支持瓷瓶等绝缘件受污秽、潮湿、机械力等影响，出现表面爬电或者开裂现象。

3. 开关柜发热

大部分高压开关柜采用全封闭柜体，红外测温难以发现发热缺陷，目测范围有限且不直观，发热缺陷易积累演变成事故。发热原因主要由以下几点引起：

（1）开关柜回路连接点接触不良，接触电阻增大。

（2）导体载流量不满足要求。

（3）安装工艺不良，螺栓紧固力不足造成发热。

（4）导体连接处设计不良，接触面积小，造成发热。

（5）穿墙套管、电流互感器等安装结构形成电磁闭合回路从而产生涡流，造成部分隔离挡板材质发热；部分封闭开关柜内干式设备（浇注式电流互感器、浇注式电压互感器、干式变压器）选用的绕组线径不足、浇注工艺控制不严。

（6）金属铠装式开关柜通风口设计不合理，空气不对流，散热能力差。

4. 潮湿凝露

（1）柜内通风散热不畅、湿度大，存在凝露现象。

（2）开关柜下电缆沟潮湿，且与开关柜之间密封不良，造成开关柜内湿度大，在突然降温情况下易产生凝露。

5. 元器件（互感器、避雷器、柜内干式变压器等）缺陷

（1）带电显示装置质量差，损坏频繁。

（2）避雷器质量差。

（3）电流互感器容量不足、伏安特性差、爬电距离小等。

（4）柜内干式变工艺技术差，造成过热和绝缘损坏。

（5）分合闸线圈损坏。

（6）电压互感器受运行方式等影响，易出现过载问题。

（7）主要二次元件，如位置指示、储能指示缺失或损坏。

6. 机械故障

（1）部分高压开关柜机械闭锁强度不够，老旧机械闭锁装置经反复操作后容易磨损变形，稍微用力即可使闭锁失去效果；而有些老旧设备由于卡涩则需很大力气才能操作，使值班员误将闭锁当成是设备老化卡涩。

（2）设备老化、机构卡涩，从而导致开关柜分合闸线圈烧毁。

（3）由于设计问题等，隔离开关当操作力量过大时，极易造成母线侧隔离开关瓷瓶断裂。

（4）接地刀闸损坏无法合闸。

（5）手车推拉卡涩。

（6）连接螺栓松动。

（7）小车拨叉变形、断裂。

4.9.4　缺陷治理

1. 完善开关柜安全防护措施

（1）断路器室、母线室和电缆室等均应设有泄压通道或压力释放装置。

（2）母线上的避雷器、电压互感器应经隔离开关（或隔离手车）与母线相连，严禁与母线直接连接，防止触电伤害。

（3）提高柜内静触头防护挡板、观察窗安全防护等级。

（4）保证机械闭锁的机械强度，在操作中不会变形损坏。

（5）对开关柜的馈线柜、PT柜进行检修工作时，须在母线与隔离开关间加装绝缘挡板，防止人身触电。

（6）严格按照高压开关柜制造标准，完善防误功能，在高压开关柜自身电气、机械防误功能的基础上，将微机五防应用到高压开关柜的防误闭锁功能中，提高高压开关柜的防误闭锁功能。运行人员在对高压开关柜进行操作时，要严格执行变电运行倒闸操作相关规章制度，严格遵循原来制定的防误闭锁功能以及操作顺序，以有效阻止由于操作人员的疏忽而造成人身伤害、设备损坏。

2. 提高开关柜内部绝缘能力

（1）将触头盒、套管等更换成带屏蔽结构的优质绝缘件。

（2）相间加装绝缘隔板时，优先采用环氧浇铸成型隔板，隔板表面及切割边缘应进行防潮处理。

（3）规范母排及、分支导线倒角工艺，必要时应对母排等导电部位喷涂复合绝缘涂料。

（4）和设计院进行沟通，要求设计院与厂家确认图纸时，注意母线搭接部位，避免在穿板套管口附近或内部搭接。

（5）开关柜投运前做整柜电晕放电试验，将局部电场集中部位在投运前处理。

（6）规范开关柜内紧固螺栓使用，建议使用带防雨帽螺母，均匀此部位电场。

3. 有效抑制开关柜发热缺陷

（1）选用载流量满足设计要求的导体。

（2）改善动静触头接触形式，保证导体有效接触面积。

（3）选用优质非导磁材料作为套管的固定隔板，抑制涡流发热。

（4）对重负荷开关设备，加装测温装置。

（5）对照开关柜型式试验报告，要求厂家按照型式试验的结构加装风扇。

（6）母排对接和分支导体安装时螺栓选择规范要求，紧固时按照标准要求进行。

4. 更换不满足要求的元器件

（1）母线电压互感器宜采用全绝缘产品。

（2）及时更换存在质量问题的互感器、避雷器等组件。

（3）采用不吸潮绝缘板。

（4）新设备订货中应明确断路器面板及线圈禁止采用易燃材质，并采取防火措施。

5. 改善开关柜运行环境

（1）对于电缆沟、电缆隧道等辅助设施要做好防水，加强电缆孔洞封堵，防止潮气进入开关柜。

（2）在梅雨季节，要做好排水的准备。

（3）高温天气，要做好高压开关柜的通风散热，以便于开关柜及时将热量散出去。

（4）在高压室内配备空调机或工业抽湿机。

（5）柜内加装除湿防凝露装置。

（6）定期对开关柜进行清扫，防止污闪现象的出现，保障高压开关柜的安全可靠运行。

6. 提升机械组件材质、装配工艺水平

（1）严格按照安装工艺要求，加强操作机构、手车、封闭母线等机械组件装配的检修、维护。

（2）对开关柜内易变形而导致开关柜故障的配件，更换为满足产品标准要求的配件。

7. 开关柜在线监测技术

目前市场上常用的在线监测系统有：超声波局放在线监测系统和温度在线监测系统。

4.9.5　开展带电检测

目前开关柜已具备红外成像、超声波、暂态地电波（Transient Earth Voltage，TEV）等成熟的带电检测技术，其中红外成像、超声波及 TEV 使用最为广泛。

1. 红外成像

红外成像检测成果卓著，主要缺陷有动静触头接触不良、涡流发热，互感器性能不良、导线接头连接不良等。

红外成像检测过程中由于开关柜多为全密封机构，不能有效对整体全部进行检测，建议加装红外介质测温窗口。

2. 超声波、TEV

超声波及 TEV 技术广泛应用于局部放电、电晕检测，在开关柜带电监测中也是如此，主要缺陷为柜内绝缘凝露受潮引起放电、穿板套管屏蔽失效引起悬浮放电、保险管夹件尖端放电、母排及分支导线与绝缘材料之间不合理引起的放电、螺栓尖端放电及污秽潮湿情况下表面爬电等。特别重要设备 6 个月检测一次，重要设备一年检测一次，一般设备两年检测一次。

（1）超声波。电力设备在放电过程中会产生声波。放电产生的声波的频谱很宽，可以从几十赫兹到几兆赫兹，其中频率低于 20kHz 的信号能够被人耳听到，而高于这一频率的超声波信号必须用超声波传感器才能接收到。

声能与放电释放的能量之间是成比例的，虽然在实际中，各种因素的影响会使这个比例不确定，但从统计的角度来看，二者之间的比例关系是确定的。

局部放电的初期是微弱的辉光放电，放电释放的能量很小，放电的后期出现强烈的电弧放电，此时释放的能量很大，可见局部放电的发展过程中放电所释放的能量是从小到大变化的，所以声能也是从小到大变化的。

根据放电释放的能量与声能之间的关系，用超声波信号声压的变化代表局部放电所释放能量的变化，通过测量超声波信号的声压，可以推测出放电的强弱，这就是超声波信号检测局部放电的基本原理。

（2）TEV。当高压电气设备发生局部放电时，放电电量先聚集在与放电点相邻的接地金属部分，形成电磁波并向各个方向传播，对于内部放电，放电电量聚集在接地屏蔽的内表面，因此如果屏蔽层是连续时无法在外部检测到放电信号。但实际上，屏蔽层通常在绝缘部位、垫圈连接处、电缆绝缘终端等部位出现破损而导致不连续，这样，高频电磁信号就会传输到设备外层。通过放电产生的电磁波通过金属箱体的接缝处或气体绝缘开关的衬垫传播出去，同时产生一个暂态电压，通过设备的金属箱体外表面而传到地下去。这些电压脉冲是由 Dr John Reeves 首先发现，原理图如图4-4所示。

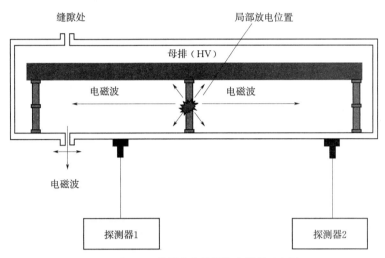

图4-4 TEV检测定位局部放电原理示意图

4.9.6 开关柜的日常维护检修

1. 日常维护

日常维护是指系统在正常运行时，有一台或多台开关柜停运而进行的一种维护与保养，在安全规定允许的条件下进行的，主要有以下几方面：

（1）断路器的清洁与保养。

（2）柜内清洁，可清洁柜内积灰。

（3）在联锁机构适当加润滑脂。

（4）检查连接件与传动件的紧固件以及开口锁、卡簧等有无松动脱落现象。

2. 临时检修

出现下列情况时，应进行临时检修：

（1）断路器拒分或拒合。

（2）指示、信号和控制不正常；运行时有异常声响、发热或发出异味等异常现象。

（3）接地开关操作有明显卡滞或无法操作时。

（4）联锁机构动作不正常时；开关柜内元件损坏时。

（5）其他影响安全运行的异常现象。

4.9.7 案例分析

（1）某开关柜出线电缆放电。10kV开关柜局放检测工作时，发现某线路开关柜局放量偏大，并且该柜的下部局放量大于上部局放量，初步判断为该柜出线电缆处有放电。局放检测数据见表 4 - 11。

表 4 - 11　　　　　　　　　局 放 检 测 数 据

测量值	前	后	备　　注
幅值/dB	11	9	后部中下超声：36dB
脉冲	4	0	

　　注　试验仪器：①Ultra TEV Plus＋多功能局部放电检测仪；②PD Locator 局部放电定位仪；③PDXPERT 手持式多功能局部放电检测仪。

　　在对该线路开关柜停电开柜检查时发现：①该柜出线电缆三岔口外护套有爬电痕迹，并且电缆有裂纹，如图 4 - 5 所示；②发现该柜内三支流变有不同程度滴漏现象见，流变外表面光滑，无明显破损痕迹，初步判断滴漏物是从流变内部渗出，其中 A 相滴漏比较严重，滴到地面的大片滴漏物已凝固，如图 4 - 6 所示；③针对流变滴漏现象，工作人员对其他开关柜观测发现，发现其他的柜内流变也有不同程度的滴漏现象，并进行了相应的处理。

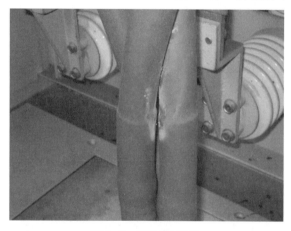

图 4 - 5　电缆放电痕迹

图 4 - 6　流变滴漏物

　　（2）某开关柜受潮放电。2016 年检修班例行检查时发现，某开关柜局部放电检测正面为 40dB，背景值为 5dB。打开空柜发现空柜两侧的穿墙套管有放电现象（图 4 - 7）。检修人员准备好备品对该套管进行更换，在检修人员更换工作中，发现柜内的加热设备已损坏，套管受潮。

图 4-7　穿墙套管放电

（3）某开闭所母线放电。2016 年班组接到某开闭所发生短路故障，到达现场后发现环境比较潮湿，检测环境湿度达到 86%。打开柜门后发现凝露现象严重（图 4-8），并母线对柜体放电痕迹明显（图 4-9）。随后更换了受潮套管，并在开关柜内加装了除湿机。对设备进行跟踪局部放电检测一段时间后，测试数据显示正常。

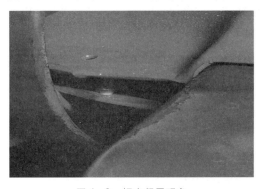

图 4-8　柜内凝露现象

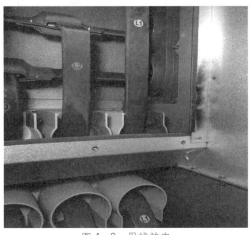

图 4-9　母线放电

4.10 倒 闸 操 作

倒闸操作是将电气设备由一种状态转换到另一种状态所进行的操作，即接通或断开高压断路器（负荷开关）、高压隔离开关、推入或拉出手车、拉开或合上接地刀闸以及安装或拆除临时接地线等操作。

4.10.1 电气设备运行的工作状态

电气设备有以下几种基本状态：

（1）运行状态。是指某回路中断路器和隔离开关处于合闸位置，电源至受电端回路得以接通，此时电气设备呈现状态为运行状态。若回路中包含移开柜，运行状态时，移开柜高压一次隔离触头和二次隔离触头均需处于合闸位置。

（2）热备用状态。是指某回路中断路器已断开，而隔离开关或移开柜高压一次隔离触头仍处于合闸位置时的状态。

（3）冷备用状态。某回路中的断路器及隔离开关等均处于断开位置时的状态为冷备用状态。

（4）检修状态。是指某回路中断路器及隔离开关均已断开，同时按照《电力安全工作规程　发电厂和变电站电气部分》（GB 26860—2011）4.4条中的规定，装设好临时接地线（或合上了接地刀闸），并悬挂好标示牌和装设好临时遮拦后，电气设备处于停电检修状态，称为电气设备检修状态。

4.10.2 停送电倒闸操作的顺序要求

断路器和高压隔离开关操作顺序规定：停电时，先断开断路器后断开高压隔离开关；送电时，顺序与此相反。

断路器两侧高压隔离开关操作顺序规定：停电时拉开断路器后，先拉开负荷侧隔离开关，后拉开电源侧隔离开关；送电时，顺序与此相反。

严禁带负荷拉、合隔离开关。

4.10.3 倒闸操作的基本条件

倒闸操作时应满足以下基本条件：

（1）有与现场一次设备和实际运行方式相符的一次系统接线图（包括电子接线图）。

（2）操作设备应具有明显的标志，包括：命名、编号、分合指示，旋转方向、切换位置的指示及设备相色等，如图4-10、图4-11所示。

图4-10　断路器柜命名

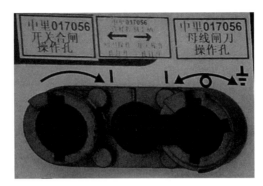

图 4-11 操作设备命名

（3）有值班调度员、运行值班负责人正式发布的指令（规范的操作术语），并使用经事先审核合格的操作票。

（4）调度管辖的设备，其倒闸操作是由值班调度员通过"操作指令""操作许可"这两种方式进行。

（5）高压开关柜应装设防止电气误操作的闭锁装置，使之具备"五防"功能：防止误分、误合断路器；防止带负载拉、合隔离开关；防止带电挂接地线；防止带接地线闭合断路器；防止人员误入带电间隔。防误闭锁装置不得随意退出运行，停用防误闭锁装置应经工区批准；短时间退出防误闭锁装置时，应经运维班班长批准，并应按程序尽快投入。

下列三种情况必须加挂机械锁：①未装防误闭锁装置或闭锁装置失灵的隔离开关手柄和网门，特别是环网型进线柜；②当电气设备处于冷备用时，网门闭锁失去作用时的有电间隔网门；③设备检修时，回路中的各来电侧隔离开关操作手柄和电动操作隔离开关机构箱门。

4.10.4 倒闸操作的基本要求

（1）倒闸操作必须根据值班调度员或运维人员的命令，受令人复诵无误后执行。

（2）发布命令应准确、清晰，使用正规操作术语和设备双重名称，即设备名称和编号。

（3）发令人使用电话发布命令前，应先和受令人互通姓名，发布和听取命令的全过程，都要录音并做好记录。

（4）倒闸操作应由两人进行，一人操作，一人监护。

（5）发令人、受令人、操作人员（包括监护人）均应具备相应资质。

（6）倒闸操作前，应根据操作票的顺序在模拟板上进行核对性操作。

（7）现场实际操作时，应先核对设备名称、编号，并检查断路器或隔离开关的初始位置与操作票所列是否相符。

（8）现场实际操作中，应认真监护、复诵；每操作完一步即应由监护人在操作项目前划"√"。

（9）现场实际操作中发生疑问时，不得更改操作票，应立即停止操作，并向发令人报告。待发令人再行许可后，方可继续操作。

（10）现场实际操作电气设备的人员与带电导体应保持规定的安全距离，同时应穿防护工作服和绝缘靴，并根据操作任务采取相应的安全措施。

（11）配电设备操作后的位置检查应以设备实际位置为准；无法看到实际位置时，应通过间接方法确认该设备已操作到位。检查中若发现其他任何信号有异常，均应停止操作，查明原因。若进行遥控操作，可采用上述的间接方法或其他可靠的方法判断设备位置。

间接验电方法：通过设备机械位置指示、电气指示、带电显示装置、仪表及各种遥测、遥信等信号的变化来判断设备位置。判断时，至少应有两个不同原理或不同源的指示发生对应变化，且所有这些确定的指示均已同时发生对应变化，方可确认该设备已操作到位。

（12）现场实际操作完成后，操作人与监护人应在操作票上签字，并在操作票上盖"已执行"章。并将操作票保存至少一年。

4.10.5 列入操作票内的项目

（1）拉合设备（断路器、隔离开关、接地刀闸等），验电，装拆接地线，合上（安装）或断开（拆除）控制回路或电压互感器回路的空气开关、熔断器，切换保护回路和自动化装置，切换开关、隔离开关控制方式，检验是否确无电压等。

（2）拉合设备（断路器、隔离开关、接地刀闸等）后检查设备的位置。

（3）停、送电操作，在拉合隔离开关或拉出、推入手车断路器前，检查断路器确在分闸位置。

（4）在倒负荷或解、并列操作前后，检查相关电源运行及负荷分配情况。

（5）设备检修后合闸送电前，检查确认送电范围内接地刀闸已拉开、接地线已拆除。

（6）根据设备状态指示采用间接验电和间接方法判断设备位置的检查项。

4.10.6 典型操作票

典型操作票是以规程规定为理论依据，并结合多年的运行经验编写而成的操作票。本节以开闭所之间联络、开闭所与架空线路联络两种情况为例，编写典型操作票。典型操作票的操作任务按照操作后设备状态可分为停役操作和复役操作。停役操作是指将电气设备停止运行的操作，一般在设备检修时或者出现故障时执行，复役操作是指将电气设备恢复运行的操作。

按照进线柜双电源的操作原则，值班调度员一般不直接发布线路"由运行改检修"的操作指令，而在线路两端均改为"冷备用"（当有 T 接线路时，T 接线路也应改为"冷备用"）后，才可发布"改检修状态"的指令。所以，下文中的操作任务将不涉及"由运行改检修"。

1. 开闭所之间的电缆故障处理操作

A 开闭所与 B 开闭所之间接线方式如图 4 - 12 所示。

停役操作：

（1）操作任务：红光 D1P4 线路由运行改为冷备用。

1）拉开 B 开闭所红光 D1P4 断路器。

2）检查 B 开闭所红光 D1P4 断路器确在断开位置。

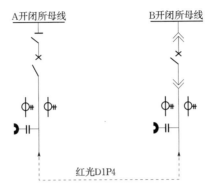

图 4-12　A 开闭所与 B 开闭所之间接线方式示意图

3）将 B 开闭所红光 D1P4 断路器手车摇至试验位置，并检查。

4）拉开 A 开闭所红光 D1P4 断路器。

5）检查 A 开闭所红光 D1P4 断路器确在断开位置。

6）拉开 A 开闭所红光 D1P4 母线隔离开关。

7）检查 A 开闭所红光 D1P4 母线隔离开关确在断开位置。

（2）操作任务：红光 D1P4 线路由冷备用改为检修。

1）检查红光 D1P4 线路确在冷备用状态。

2）在 B 开闭所红光 D1P4 线路插头线路侧验明确无电压，放电，挂 1 号接地线。

3）在 B 开闭所红光 D1P4 断路器操作把手及断路器摇孔上挂"禁止合闸，线路有人工作"警示牌。

4）在 A 开闭所红光 D1P4 母线隔离开关线路侧验明确无电压，放电，挂 2 号接地线。

5）在 A 开闭所红光 D1P4 断路器操作把手及母线隔离开关操作孔上挂"禁止合闸，线路有人工作"警示牌。

复役操作：

（1）操作任务：红光 D1P4 线路由检修改为冷备用。

1）取下 B 开闭所红光 D1P4 断路器操作把手及断路器摇孔上"禁止合闸，线路有人工作"警示牌。

2）拆除 B 开闭所红光 D1P4 线路插头线路侧 1 号接地线，并检查。

3）取下 A 开闭所红光 D1P4 断路器操作把手及母线隔离开关操作孔上"禁止合闸，线路有人工作"警示牌。

4）拆除 A 开闭所红光 D1P4 母线隔离开关线路侧 2 号接地线，并检查。

（2）操作任务：红光 D1P4 线路由冷备用改为运行。

1）检查红光 D1P4 线路确在冷备用状态。

2）检查 B 开闭所红光 D1P4 断路器确在断开位置。

3）将 B 开闭所红光 D1P4 断路器手车摇至工作位置，并检查。

4）合上 B 开闭所红光 D1P4 断路器。

5）检查 B 开闭所红光 D1P4 断路器确在合闸位置。

6）检查 A 开闭所红光 D1P4 断路器确在断开位置。

7）合上 A 开闭所红光 D1P4 母线隔离开关。

8）检查 A 开闭所红光 D1P4 母线隔离开关确在合上位置。

9）合上 A 开闭所红光 D1P4 断路器。

10）检查 A 开闭所红光 D1P4 断路器确在合闸位置。

2. 开闭所与架空线路联络电缆故障处理操作

A 开闭所与架空线路的接线方式如图 4-13 所示。

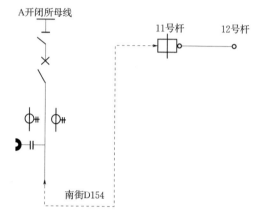

图 4-13 A 开闭所与架空线路的接线方式示意图

停役操作：

（1）操作任务：A 开闭所南街 D154 线路由运行改为冷备用。

1）拉开 A 开闭所南街 D154 断路器。

2）检查 A 开闭所南街 D154 断路器确在断开位置。

3）拉开 A 开闭所南街 D154 母线隔离开关。

4）检查 A 开闭所南街 D154 母线隔离开关确在断开位置。

（2）操作任务：南街 D154 线 11 号杆南街 D1541 真空断路器由运行改为冷备用。

1）核对南街 D154 线 11 号杆南街 D1541 真空断路器的双重命名。

2）拉开南街 D154 线 11 号杆南街 D1541 真空断路器的断路器。

3）检查南街 D154 线 11 号杆南街 D1541 真空断路器的分合指针在"分"位置。

4）验明南街 D154 线 11 号杆南街 D1541 真空断路器负荷侧各相确无电压。

5）拉开南街 D154 线 11 号杆南街 D1541 真空断路器的隔离开关。

6）检查南街 D154 线 11 号杆南街 D1541 真空断路器的隔离开关三相都在分闸位置。

7）在南街 D154 线 11 号杆悬挂"禁止合闸，线路有人工作"警示牌。

（3）操作任务：A 开闭所南街 D154 线路由冷备用改为检修。

1）检查 A 开闭所南街 D154 线路确在冷备用状态。

2）在 A 开闭所南街 D154 断路器线路侧验明确无电压、放电，挂 1 号接地线。

3）在 A 开闭所南街 D154 断路器操作把手及母线隔离开关操作孔上挂"禁止合闸，线路有人工作"警示牌。

（4）操作任务：在南街 D154 线 11 号杆南街 D1541 断路器电缆头处挂接地线一组。

1）检查南街 D154 线 11 号杆南街 D1541 断路器确在冷备用状态。

2）在南街 D154 线 11 号杆南街 D1541 断路器电缆侧验明确无电压、放电，挂 1 号接地线。

复役操作：

（1）操作任务：拆除南街 D154 线 11 号杆南街 D1541 断路器电缆头处接地线一组。

拆除南街 D154 线 11 号杆南街 D1541 断路器电缆侧 1 号接地线。

（2）A 开闭所南街 D154 线路由检修改为冷备用。

1）取下 A 开闭所南街 D154 断路器操作把手及母线隔离开关操作孔上"禁止合闸，线路有人工作"警示牌。

2）拆除 A 开闭所南街 D154 母线隔离开关线路侧 2 号接地线并检查。

（3）南街 D1541 断路器由冷备用改为运行。

1）核对南街 D154 线 11 号杆南街 D1541 真空断路器的双重命名。

2）取下南街 D154 线 11 号杆"禁止合闸，线路有人工作"警示牌。

3）合上南街 D154 线 11 号杆南街 D1541 真空断路器的隔离开关。

4）检查南街 D154 线 11 号杆南街 D1541 真空断路器的隔离开关三相都在合闸位置。

5）合上南街 D154 线 11 号杆南街 D1541 真空断路器的断路器。

6）检查南街 D154 线 11 号杆南街 D1541 真空断路器的分合指针在"合"位置。

（4）A 开闭所南街 D154 线路由冷备用改为运行。

1）检查 A 开闭所南街 D154 线路确在冷备用状态。

2）检查 A 开闭所南街 D154 断路器确在断开位置。

3）合上 A 开闭所南街 D154 母线隔离开关。

4）检查 A 开闭所南街 D154 母线隔离开关确在合上位置。

5）合上 A 开闭所南街 D154 断路器。

6）检查 A 开闭所南街 D154 断路器确在合闸位置。

4.10.7　现场作业危险点分析及防范措施

倒闸操作是运行人员经常性的工作，操作的正确性关系着电网运行的安全与经济性。要确保倒闸操作的正确性，不仅有操作顺序的问题，还有操作方法的问题等。规范倒闸操作，能减少误操作的机会，确保开闭所电气倒闸操作的安全，为电网的安全生产提供有力的保障。

1. 现场作业的危险点分析

现场作业主要存在以下几个方面危险点：

（1）操作人员对环网线路结构不熟悉，主接线方式不同，电气设备由一种状态转换到另一种状态的倒闸操作程序也不同。

（2）设备本身存在缺陷。如当操作过程中有震动时，就会将潜伏的缺陷扩大，甚至变成事故。还有如断路器的位置指示装置失灵，给操作人员提供了错误的位置信号，造成带负荷拉隔离开关；倒闸操作时被控元件突跳突合，造成误操作。

（3）封闭式进线柜装有线路接地刀闸。由于开关柜封闭，无法对线路验电，容易引发带电合接地刀闸误操作等事故。

（4）开闭所标识管理不落实，开关柜无双重命名或双重命名与实际不符，操作机构的分、合标志脱落或显示不清，容易引发倒闸操作误分、合开关事故。

（5）没有掌握正确的操作方法。操作隔离开关时，如隔离开关操作杆转动不灵活，却不仔细检查原因就强行拉动，容易造成瓷瓶断裂甚至伤人的事故。

（6）操作人员麻痹大意、盲目自信，自认为对设备熟悉，操作时不认真核对设备编号，凭感觉进行操作。操作人员对于一些平时经常操作而且比较简单的操作，如单一间隔的停、送电操作，主观认为操作简单、容易，不会出差错，甚至进行单人操作或无票操作。

（7）操作人员没有掌握先进技术和新型设备的原理。比如不了解微机保护的原理，误投退或漏投退保护压板，运行方式变化时，错误切换需要人为干预的自动装置的电压等。

2．倒闸误操作的危险点预防控制措施

针对倒闸操作过程中的主要危险点及形成原因，应教育操作人员在平时养成良好的工作习惯。对于每一次操作，哪怕是最简单的操作也要在思想上引起高度重视，克服麻痹大意和侥幸心理，要吸取别人的事故教训，不断纠正自己倒闸操作过程中的不良行为，充分认识到每项操作的危险点。此外还应具体做到：

（1）制定倒闸操作的操作流程及编制典型操作票等形式来控制误操作。

（2）在环网柜的进线单元线路侧接地刀闸处，将接地操作孔加锁，以提示操作时必须履行特殊的防误手续，以防止带接地误合隔离开关操作事故的发生。

（3）在开闭所高压开关柜分合闸按钮的分、合位置指示灯处设置命名标签，并配置分合闸按钮防误罩，以防止误操作事故的发生。

（4）完善现场的"五防"解锁装置的管理，所有操作必须经"五防"闭锁，不得随意退出闭锁装置。并按规定使用防误闭锁装置的钥匙，严禁擅自解锁而发生误操作。并加强设备巡视、检查和维修工作，确保"五防"装置及其"提醒"装置完好性。

（5）严格执行防止误操作的安全组织措施和技术措施，按"六要七禁八步"要求，正确使用倒闸操作票，实行倒闸操作监护制度。修订与开闭所设备实际相符的现场运行细则和典型操作票，各开闭所放置与其倒闸操作实际相符的典型操作卡，彻底杜绝操作人员无票操作。

（6）加强倒闸操作业务技能培训，提高操作人员的现场工作安全操作技能，使操作人员对新设备达到"三熟三能"的要求，充分掌握倒闸操作基本技术原则和安全注意事项。

第5章 低压开关柜

5.1 基 础 知 识

按目前电压划分，低压的范畴是工频电压 1kV 及以下。低压开关柜是由一个或多个低压开关设备和与之相关的控制、测量、信号、保护和调节等设备，由制造厂家负责完成所有内部电气和机械连接，用结构部件完整地组装在一起的组合体。

5.1.1 低压开关柜用途

随着电力的发展，低压开关柜在工矿企业、商场、小区、农村、变电站得到广泛的应用，用来接受分配电能以及各类故障的保护。

5.1.2 低压开关柜分类

（1）按材料类型可分为绝缘型、金属型、绝缘和金属混合型。

（2）按安装方式可分为竖立在地面上、安装在墙壁上、嵌入安装及电杆安装。

（3）按使用场地可分为户外和户内两类。

（4）按防护方式分为开启式、封闭式。

（5）按元件装配方式分为固定装配式和抽屉式低压配电柜。

（6）按其用途可分为：

1）电源进线（受电）柜。电源进线柜起电源进线、接受电能的用处，其断路器称为进线开关或主开关，起着对整个系统的保护和控制的作用。

2）母联（联络）柜。起母线联络的作用，即将两段联络起来。2 个工作电源中间设 1 个联络开关，正常工作时 1 个电源工作，当其中一个工作电源出现故障或大检修时，将其断开，联络开关投入工作，这样 2 个电源所带的负荷均不会长时间断电，提高了供电可靠性。

3）馈电（出线）柜。馈电柜即为馈出电能用，其开关称为馈电断路器，也称为出线开关，向用电设备提供电能，控制并保护该设备和线路。

4）电容柜（无功功率补偿柜）。电容柜其起无功补偿的作用，可提高功率因数，减少线路损耗，提高设备的利用率。

5.1.3 低压开关柜型号及含义

《低压成套开关设备和控制设备　产品型号编制方法　第 1 部分：低压成套开关设备》（JB/T 3752.1—2013）标准规定了低压成套开关设备的型号编制方法。低压成套开关设备产品的全型号由结构征代号、形式特征代号、品种特征代号（包括用途代号和设计序号）、规格号及附加代号五部分组成，其具体组成形式如图5-1所示。

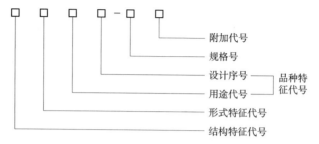

图5-1 低压开关柜型号

1. 型号中代号的含义

（1）结构特征代号。按产品的结构特征进行划分，其代号含义见表5-1。

表5-1 结 构 特 征 代 号 含 义

结构特征代号	含义	结构特征代号	含义
P	开启式	T	封闭式控制台
G	封闭式柜	C	母线干线系统（母线槽）
X	封闭式箱		

（2）形式特征代号。按产品的形式特征进行划分，其代号含义见表5-2。

表5-2 形 式 特 征 代 号 含 义

形式特征代号	含义	形式特征代号	含义
A	拔插	M	母线系统方式密集绝缘（用于母线槽）
B	固定安装（下面带防护板操作不会触及带电部分）	K	空气绝缘（用于母线槽）
C	抽屉式、手车式	R	嵌入式
G	固定面板式	X	悬挂式
H	抽屉式与电器元件固定安装方式混合安装形式	Y	移动式
L	电器元件固定安装回路间隔采用隔离式	Z	组合式

（3）品种特征代号。品种特征代号由产品的用途代号与设计序号组成，用途代号用字母表示，其代号见表5-3。设计序号用数字表示由1开始编排。

表5-3 用 途 代 号 含 义

用途代号	含义	用途代号	含义
C	计量	K	控制
D	低压动态补偿	L	动力

用途代号	含义	用途代号	含义
E	端子	M	照明
F	分线	Z	直流插座（用于照明箱）
J	无功功率补偿		

（4）附加代号。对于特殊环境使用的低压成套开关设备，可在全型号后加注特定的附加代号，其代号含义见表5-4。

表5-4   附 加 代 号 含 义

附加代号	含义	附加代号	含义
H	热带产品	C	防尘式
TH	湿热带产品	W	户外式（包括防雨、防溅、防霉、防尘等要求）
F1、F2	防腐	R	耐燃型

2. 示例

（1）PGL1。含义：动力用，开启式配电屏，固定面板式，设计序号1。

（2）GCK1。含义：控制用，抽屉式封闭配电柜，设计序号为1。

5.2 结 构 及 分 类

5.2.1 基本结构

低压开关柜的基本结构根据其安装方式主要可分为竖立在地面上、安装在墙壁上、嵌入安装及电杆安装等类型。

常用的低压开关柜有PGL、GGD型低压配电柜和GCK（GCL）、GCS、MNS抽屉式开关柜等。

1. GGD型低压配电柜

GGD型配电柜的柜体框架采用冷弯型钢焊接而成，框架上分别有 $E=20$ mm 和 $E=100$ mm 模数化排列的安装孔，可适应各种元器件装配。柜门的设计考虑到标准化和通用化，采用整体单门和不对称双门结构，清晰美观，柜体上部留有一个供安装各类仪表、指示灯、控制开关等元件用的小门，便于检查和维修。柜体的下部、后上部与柜体顶部，均留有通风孔，并加网板密封，使柜体在运行中自然形成一个通风道，达到散热的目的。

GGD型配电柜使用的ZMJ型组合式母线卡由高阻燃PPO材料热塑成型，采用积木式组合，具有机械强度高、绝缘性能好、安装简单、使用方便等优点。

GGD型配电柜根据电路分断能力要求可选用DW15（或DWX15）~DW45等系列断路器，选用HD13BX（或HS13BX）型旋转操作式隔离开关以及CJ20系列接触器等电器元件。GGD型配电柜的主、辅电路采用标准化方案，主电路方案和辅助电路方案之间有固定的对应关系，一个主电路方案应有若干个辅助电路方案。GGD型配电柜主电路一次接线方案如图5-2所示。

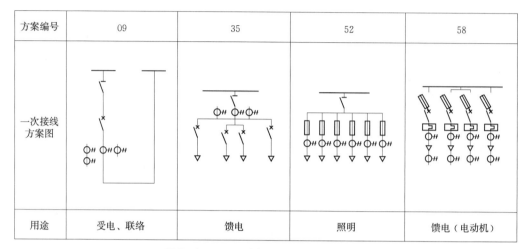

方案编号	09	35	52	58
一次接线方案图				
用途	受电、联络	馈电	照明	馈电（电动机）

图5-2　GGD配电柜主电路一次接线方案

图5-3所示为GGD型配电柜外形尺寸及安装示意图。GGD型配电柜的外形尺寸为长×宽×高=（400，600，800，1000）mm×600mm×2200mm。每面柜既可作为一个独立单元使用，也可与其他柜组合各种不同的配电方案，因此使用比较方便。

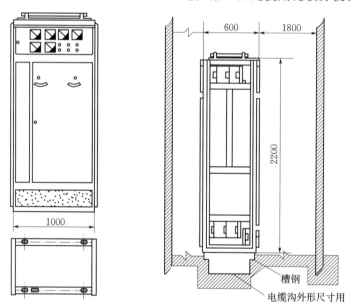

图5-3　GGD型配电柜外形尺寸及安装示意图

2. GCL低压抽出式开关柜

GCL系列低压抽出式开关柜用于交流50（或60）Hz，额定工作电压660V及以下，额定电流400～4000A的电力系统中，作为电能分配和电动机控制使用。

开关柜属间隔型封闭结构，一般由薄钢板弯制、焊接组装。也可采用由异型钢材，采用角板固定、螺栓连接的无焊接结构。选用时，可根据需要加装底部盖板。内外部结构件分别采取镀锌、磷化、喷涂等处理手段。

GCL 系列抽出式开关柜柜体分为母线区、功能单元区和电缆区，一般按上、中、下顺序排列。母线室、互感器室内的功能单元均为抽屉式，每个抽屉均有工作位置、试验位置、断开位置，为检修、试验提供方便。每个隔室用隔板分开，以防止事故扩大，保证人身安全。GCL 系列低压抽出式开关柜根据功能需要可选用 DZX10（或 DZIO）系列断路器、CJ20 系列接触器、JR 系列热继电器、QM 系列熔断器等电器元件。其主电路有多种接线方案，以满足进线受电、联络、馈电、电容补偿及照明控制等功能需要。GCL 配电柜主电路一次接线方案举例如图 5-4 所示，其外形尺寸及安装示意如图 5-5 所示。

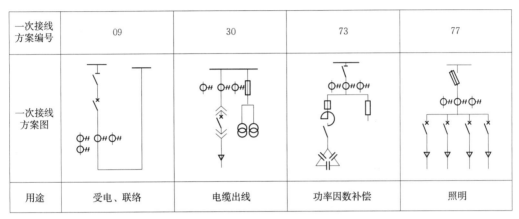

一次接线方案编号	09	30	73	77
一次接线方案图				
用途	受电、联络	电缆出线	功率因数补偿	照明

图 5-4 GCL 配电柜主电路一次接线方案

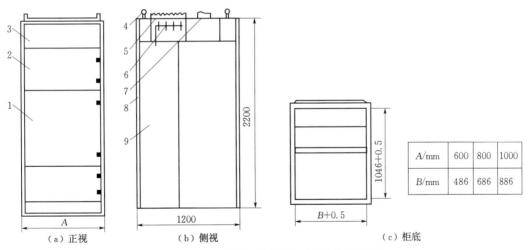

A/mm	600	800	1000
B/mm	486	686	886

（a）正视　　　（b）侧视　　　（c）柜底

图 5-5 GCL 型配电柜外形尺寸及安装示意图

1—隔室门；2—仪表门；3—控制室封板；4—吊环；5—防尘盖后门；6—主母线室；7—压力释放装置；8、9—侧板

3. GCK 系列电动控制中心

GCK 系列电动控制中心由各功能单元组合而成为多功能控制中心，这些单元垂直重叠安装在封闭式的金属柜体内。柜体共分水平母线区、垂直母线区、电缆区和设备安装区 4 个互相隔离的区域，功能单元分别安装在各自的小室内。当任何一个功能单元发生事故时，均不影响其他单元，可以防止事故扩大。所有功能单元均能按规定的性能分断短路电

流，且可通过接口与可编程序控制器或微处理机连接，作为自动控制的执行单元。

GCK 系列电动控制中心的主电路一次接线方案举例如图 5-6 所示，其外形尺寸及安装示意如图 5-7 所示。

一次接线方案编号	BZf21S00	BLb63S00	GRk51S20	BQb14S00	HQj3IS20
一次接线方案图	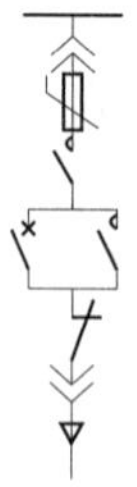	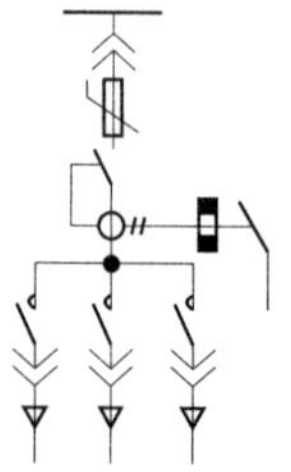	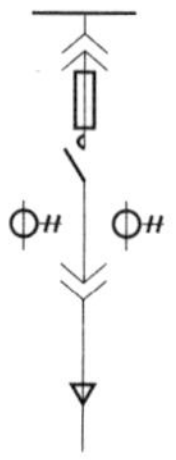	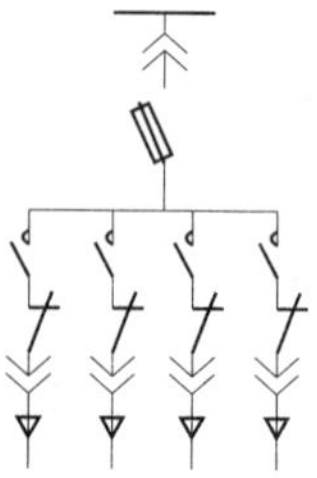	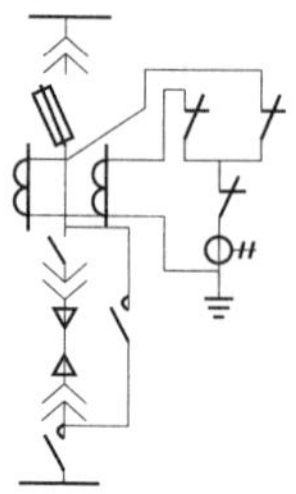
用途	可逆	照明	馈电	不可逆	星三角

图 5-6 GCK 系列电动控制中心的主电路一次接线方案

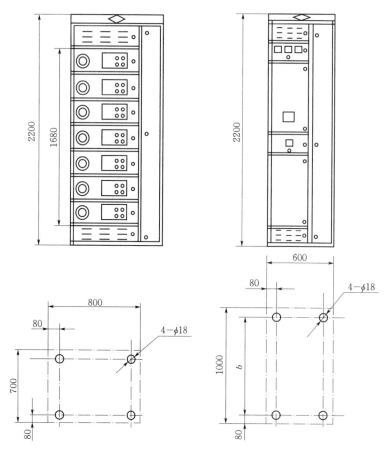

图 5-7 GCK 型配电柜外形尺寸及安装示意图

98

4. 杆架式综合配电箱

（1）杆架式综合配电箱外形尺寸按照 1350mm×700mm×1200mm 设计，空间满足 400kVA 及以下容量配电变压器的 1 回进线、3 回馈线、计量、无功补偿、智能终端等功能模块安装要求。对于选用 10m 等高杆的农村、山区，杆架式综合配电箱尺寸选用 800mm×650mm×1200mm，空间满足 200kVA 及以下容量配电变压器的 1 回进线、2 回馈线、计量、无功补偿、配电智能终端等功能模块安装要求，配电智能终端需满足线损统计需求，实现双向有功、功率计算功能。箱体外壳优先选用不锈钢材料，也可选用纤维增强型不饱和聚酯树脂材料（SMC）。

（2）杆架式综合配电箱采用适度以大代小原则配置，200～400kVA 变压器按 400kVA 容量配置，无功补偿按 120kvar 配置，配置方式为共补（3×10＋3×20）kvar，分补（10＋20）kvar；200kVA 以下变压器按 200kVA 容量配置，无功补偿不配置或按 60kvar 配置，配置方式为共补（5＋2×10＋20）kvar，分补（5＋10）kvar。实现无功需量自动投切，按需配置配电智能终端。

（3）电气主接线采用单母线接线，出线 1～3 回。进线宜选择带弹簧储能的熔断器式隔离开关，并配置栅式熔丝片和相间隔弧保护装置，出线开关选用断路器，并按需配置带通信接口的配电智能终端和 T1 级电涌保护器。城镇区域负荷密度较大，且仅供 1 回低压出线的情况下，可取消出线断路器。TT 系统的剩余电流动作保护器应根据《农村低压电网剩余电流工作保护器配置导则》（Q/GDW 11020—2013）要求进行安装，不锈钢综合配电箱外壳单独接地。

（4）杆架式综合配电箱采取悬挂式安装，下沿距离地面不低于 2.0m，有防汛需求可适当加高。在农村、农牧区等 D 类、E 类供电区域，低压综合配电箱下沿离地高度可降低至 1.8m，变压器支架、避雷器、熔断器等安装高度应做同步调整，并宜在变压器台周围装设安全固栏。低压进线采用交联聚乙烯绝缘软铜导线或相应载流量的电缆，由配电箱侧面进线，低压出线可采用电缆（铜芯、铝芯或稀土高铁铝合金芯）或交联聚乙烯绝缘软铜导线，由配电箱侧面出线，电杆外侧敷设，低压出线优先选择副杆，使用电缆卡抱固定；采用电缆入地敷设时，由配电箱底部出线。

杆架式综合配电箱布置加工图如图 5-8 所示。

5.2.2 主要设备

低压开关柜（箱）的基本结构有壳体、低压隔离开关、低压组合开关、低压熔断器、低压断路器、交流接触器、主令电器、控制电器等部件。

1. 壳体

（1）作用及结构。壳体是用于支持和安装电器设备的壳体，其内部空间能对外界影响提供适当的防护。其基本结构主要由覆板、门、安装板、电缆密封板等部件组成。

（2）分类。

1）按材料类型可分为绝缘型、金属型、绝缘和金属混合型。

2）按安装方式可分为竖立在地面上、安装在墙壁上、嵌入安装及电杆安装。

3）按使用场地可分为户外和户内两类。

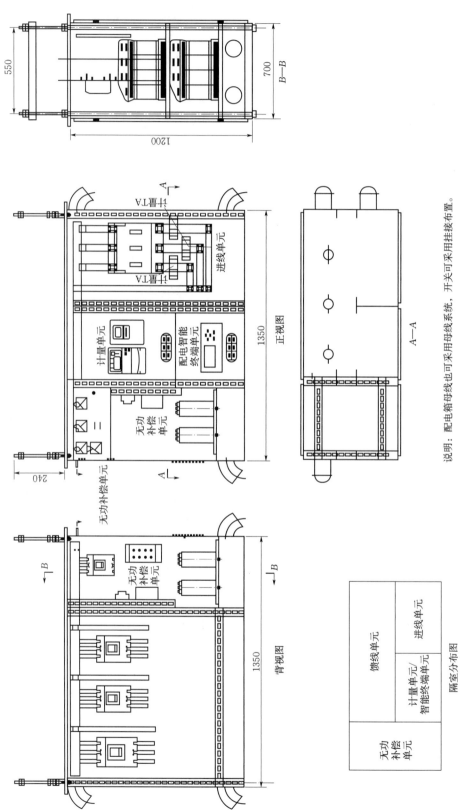

说明：配电箱母线也可采用母线系统，开关可采用挂接布置。

图 5 - 8　杆架式综合配电箱布置加工图

（3）正常使用条件。

1）周围空气温度。

a. 户内安装场所周围空气温度。周围空气温度不超过40℃，而且在24h一个周期的平均温度不超过35℃。周围空气温度的下限为−5℃。

b. 户外安装场所周围空气湿度。周围空气温度不超过40℃，24h一个周期的平均温度不超过35℃。周围空气温度的下限为−25℃。

2）湿度条件。

a. 户内安装场所湿度条件。在最高温度为40℃时，空气的相对湿度不超过50%。在较低温度时，允许有较大的相对湿度，例如：20℃时相对湿度为90%。但应考虑到由于温度变化可能会偶尔产生适度的凝露。

b. 户外安装场所湿度条件。最高温度为25℃时，相对湿度短时可达100%。

2. 低压隔离开关

低压隔离开关的主要用途是隔离电源，在电气设备维护检修需要切断电源时，使之与带电部分隔离，并保持足够的安全距离，保证检修人员的人身安全。

低压隔离开关可分为不带熔断器式和带熔断器式两大类。不带熔断器式隔离开关属于无载通断电器，只能接通或开断"可忽略的"电流，起隔离电源作用，带熔断器式隔离开关具有短路保护作用。

常见的低压隔离开关有HD、HS系列隔离开关，HR系列熔断器式隔离开关，HG系列熔断器式隔离器，HX系列旋转式隔离开关熔断器组、抽屉式隔离开关，HH系列封闭式开关熔断器组等。

（1）HD、HS系列隔离开关。HD、HS系列单投隔离开关适用于交流50Hz，额定电压380V、直流440V，额定电流1500A成套配电装置中，作为不频繁的手动接通和分断交、直流电路或作隔离开关用。其中：

1）HD11、HS11系列中央手柄式的单投和双投隔离开关，如图5-9所示，正面手柄操作，主要作为隔离开关使用。

2）HD12、HS12系列侧面操作手柄式隔离开关，主要用于动力箱中。

3）HD13、HS13系列中央正面杠杆操动机构隔离开关主要用于正面操作、后面维修的开关柜中，操动机构装在正前方。

4）HD14系列侧方正面操作机械式隔离开关主要用于正面两侧操作、前面维修的开关柜中，操动机构可以在柜的两侧安装。

装有灭弧室的隔离开关可以切断小负荷电流，其他系列隔离开关只作隔离开关使用。

（2）HR系列熔断器式隔离开关。HR系列熔断器式隔离开关主要用于额定电压交流380V（45～62Hz）、约定发热电流630A的具有高短路电流的配电电路和电动机电路中，正常情况下，电路的接通、分断由隔离开关完成。故障情况下，由熔断器分断电路。熔断器式隔离开关适用于工业企业配电网中不频繁操作的场所，作为电源开关、隔离开关、应急开关，并作为电路保护用，但一般不直接开闭单台电动机。HR3熔断器式隔离开关如图5-10所示，HR5熔断器式隔离开关如图5-11所示。

图 5-9 HD11、HS11 系列中央手柄式的单投和双投隔离开关

图 5-10 HR3 熔断器式隔离开关

图 5-11 HR5 熔断器式隔离开关

　　HR 系列熔断器式隔离开关常以侧面手柄式操动机构来传动，熔断器装于隔离开关的动触片中间，其结构紧凑。作为电气设备及线路的过负荷及短路保护用。

　　HR 系列熔断器式隔离开关有 HR3、HR5、HR6、HR17 系列等。HR3 系列熔断器式隔离开关是由 RTO 有填料熔断器和隔离开关组成的组合电器，具有 RTO 有填料熔断器

图 5-12 HG 系列熔断器式隔离器

和隔离开关的基本性能。当线路正常工作时，接通和切断电源由隔离开关来完成；当线路发生过载或短路故障时，熔断器式隔离开关的熔体烧断，及时切断故障电路。正常运行时，保证熔断器不动作。当熔体因线路故障而熔断后，只需要按下锁板即可更换熔断器。

　　（3）HG 系列熔断器式隔离器。熔断器式隔离器是用熔断体或带有熔断体的载熔件作为动触头的一种隔离器。HGI 系列熔断器式隔离器用于额定电压 380V（交流 50Hz）、具有高短路电流的配电回路和在电动机回路中用于电路保护，如图 5-12 所示。

HG 系列熔断器式隔离器由底座、手柄和熔断体支架组成，并选用高分断能力的圆筒帽型熔断体。操作手柄能使熔断体支架在底座内上下滑动，从而分合电路。隔离器的辅助触头先于主触头断开，后于主电路而接通，这样只要把辅助触头串联在线路接触器的控制回路中，就能保证隔离器元件接通和断开电路。如果不与接触器配合使用，就必须在无载状态下操作隔离器。

当隔离器使用带撞击器的熔断体时，任一极熔断体熔断后，撞击器弹出，通过横杆触动装在底板上的微动开关，使微动开关发出信号，切断接触器的控制回路，这样就能防止电动机单相运行。

3. 低压组合开关

组合开关又称转换开关，一般用于交流 380V、直流 220V 以下的电气线路中，供手动不频繁地接通与分断电路，以小容量感应电动机的正、反转和星三角降压动的控制。它具有体积小、触点数量多、接线方式灵活、操作方便等特点。

HZ 系列组合开关有 HZ1、HZ2、HZ3、HZ4，HZ5 以及 HZ10 等系列产品，开关的动、静触点都安放在数层胶木绝缘座内，胶木绝缘座可以一个接一个地组装起来，多达六层。动触点由两片铜片与具有良好灭弧性能的绝缘纸板销合而成，其结构有 90° 与 180° 两种。动触点连同与它组合在一起的隔弧板套在绝缘方轴上，两个静触点则分置在胶木座边沿的两个凹槽内。动触点分断时，静触点一端插在隔弧板内；当接通时，静触点一端则夹在动触点的两片铜片当中，另一端伸出绝缘座外边以便接线。当绝缘方轴转过 90° 时，触点便接通或分断一次。而触点分断时产生的电弧，则在隔板中熄灭。由于组合开关操动机构采用扭簧储能机构，使开关快速动作，且不受操作速度的影响。组合开关按不同形式配置动触点与静触点，以及绝缘座堆叠层数不同，可组合成几十种接线方式，常用的 HZ10 系列组合开关的结构如图 5-13 所示。

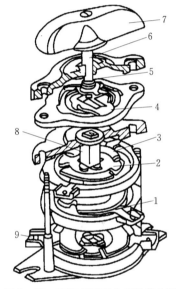

图 5-13　HZ10 系列组合开关结构图
1—静触片；2—动触片；3—绝缘垫板；
4—凸轮；5—弹簧；6—转轴；7—手柄；
8—绝缘杆；9—接线柱

4. 低压熔断器

熔断器是一种最简单的保护电器，它串联于电路中，当电路发生短路或过负荷时，熔体熔断自动切断故障电路，使其他电气设备免遭损坏。低压熔断器具有结构简单，价格便宜，使用、维护方便，体积小，重量轻等优点，因而得到广泛应用。

(1) 低压熔断器的型号、种类及结构。

1) 低压熔断器的型号及含义如图 5-14 所示。

2) 低压熔断器的使用类别及分类。低压熔断器按结构形式不同，有触刀式、螺栓连接、圆筒帽、螺旋式、圆管式、瓷插式等形式。按用途不同可分为一般工业用熔断器、半导体保护用熔断器和自复式熔断器等。

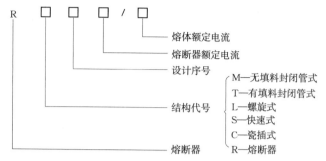

图 5-14 低压熔断器型号及含义

3）常用低压熔断器。熔断器一般由金属熔体、连接熔体的触点装置和外壳组成。常用低压熔断器外形如图 5-15 所示。低压熔断器的产品系列、种类很多，常用的产品系列有 RL 系列螺旋管式熔断器，RT 系列有填料密封管式熔断器，RM 系列无填料封闭管式熔断器，NT（RT）系列高分断能力熔断器，RLS、RST、RS 系列半导体保护用快速熔断器，HG 系列熔断器式隔离器等。

（a）瓷插式熔断器

（b）RM10无填料封闭管式熔断器

（c）RL16螺旋式熔断器

（d）RT0有填料密封管式熔断器　（e）RS3快速熔断器

图 5-15 常用低压熔断器

4）熔体材料及特性。熔体是熔断器的核心部件，一般由铅、铅锡合金、锌、铝、铜等金属材料制成。由于熔断器是利用熔体熔化切断电路，因此要求熔体的材料熔点低、导电性能好、不易氧化和易于加工。

（2）熔断器工作原理。当电路正常运行时，流过熔断器的电流小于熔体的额定电流，熔体正常发热温度不会使熔体熔断，熔断器长期可靠运行；当电路过负荷或短路时，流过熔断器的电流大于熔体的额定电流，熔体熔化切断电路。

1）熔断器技术参数。熔断器的主要技术参数有额定电压、额定电流和极限分断能力。

a. 额定电压，指熔断器长期能够承受的正常工作电压。熔断器的额定电压应等于熔断器安装处电网的额定电压。如果熔断器的工作电压低于其额定电压，熔体熔断时可能会产生危险的过电压。

b. 熔断器的额定电流，指在一般环境温度（不超过 400℃）下，熔断器外壳和载流部分长期允许通过的最大工作电流。

c. 熔体的额定电流，指熔体允许长期通过而不熔化的最大电流。一种规格的熔断器可以装设不同额定电流的熔体，但熔体的额定电流应不大于熔断器的额定电流。

d. 极限分断电流，指熔断器能可靠分断的最大短路电流。

2）工作特性。

a. 电流—时间特性。熔断器熔体的熔化时间与通过熔体电流之间的关系曲线（图5-16），称为熔体的电流—时间特性，又称为安秒特性。熔断器的安秒特性由制造厂家给出，通过熔体的电流和熔断时间呈反时限特性，即电流越大，熔断时间就越短。图中为额定电流不同的熔体1和熔体2的安秒特性曲线，熔体2的额定电流小于熔体1的额定电流，熔体2的截面积小于熔体1的截面积，同一电流通过不同额定电流的熔体时，额定电流小的熔体先熔断，例如同一短路电流 I_d 流过两熔体时，$t_2 < t_1$，熔体2先熔断。

b. 熔体的额定电流与最小熔化电流。熔体的额定电流指熔体长期工作而不熔化的电流，由熔断器的安秒特性曲线可以看出，随着流过熔体电流逐渐将少，熔化时间不断增加。当电流减少到一定值时，熔体不再熔断，熔化时间趋于无穷大，该电流值称为最小熔化电流，用 I_{zx} 表示。

c. 熔断器短路保护的选择性。选择性是指当电网中有几级熔断器串联使用时，如果某一线路或设备发生故障时，应当由保护该设备的熔断器动作，切断电路，即为选择性熔断；如果保护该设备的熔断器不动作，而由上一级熔断器动作，即为非选择性熔断。发生非选择性熔断时扩大了停电范围，会造成不应有的损失。图5-17所示电路中，在k点发生短路时，FU1应该先熔断，FU不应该动作。在一般情况下，如果上一级熔断器的熔断时间为下一级熔断器熔断时间的3倍，就可能保证选择性熔断，当熔体为同一材料时，上一级熔体的额定电流为下一级熔体额定电流的2～4倍。

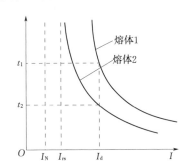

图5-16 熔断器的电流—时间特性曲线

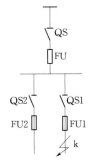

图5-17 熔断器的配合接线

5. 低压断路器

低压断路器又称自动空气开关、自动开关，是低压配电网和电力拖动系统中常用的一种配电电器。低压断路器的作用是在正常情况下，不频繁地接通或开断电路；在故障情况下，切除故障电流，保护线路和电气设备。低压断路器具有操作安全、安装使用方便、分断能力较高等优点，因此在各种低压电路中得到广泛应用。

（1）低压断路器分类及型号。低压断路器是利用空气作为灭弧介质的开关电器，低压断路器按用途分为配电用和保护电动机用，按结构形式分为塑壳式和框架式。

低压断路器分为框架式（万能式）断路器和塑壳式断路器两大类，目前我国万能式断路器主要有 DW15、DW16、DW17（ME）、DW45 等系列；塑壳式断路器主要有 DZ20、CMl、TM30 等系列。下面以 DZ20 型断路器为例，其型号含义如图 5-18 所示。

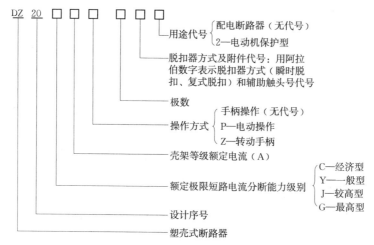

图 5-18　低压断路器型号

低压断路器的主要特性及技术参数有额定电压、额定频率、极数、壳架等级额定电流、额定运行分断能力、极限分断能力、额定短时耐受电流、过流保护脱扣器时间—电流曲线、安装形式、机械寿命及电寿命等。

（2）低压断路器基本结构及工作原理。常用低压断路器由脱扣器、触头系统、灭弧装置、传动机构和外壳等部分组成。

脱扣器是低压断路器中用来接受信号的元件，用它来释放保持机构而使开关电器打开或闭合。当低压断路器所控制的线路出现故障或非正常运行情况时，由操作人员或继电保护装置发出信号时，脱扣器会根据信号通过传递元件使触头动作跳闸，切断电路。触头系统包括主触头、辅助触点。主触头用来分、合主电路，辅助触点用于控制电路，用来反映断路器的位置或构成电路的联锁。主触头有单断口指式触头、双断日桥式触头和插入式触头等几种形式。低压断路器的灭弧装置一般为栅片式灭弧罩，灭弧室的绝缘壁一般用铜版纸压制或用陶土烧制。

低压断路器脱扣器的种类有热脱扣器、电磁脱扣器、失压脱扣器和分励脱扣器等。

热脱扣器起过载保护作用，热脱扣器按动作原理不同，分为有热动式和液压式；电磁脱扣器又称短路脱扣器或瞬时过流脱扣器，起短路保护作用；失压脱扣器与被保护电路并联，起欠压或失压保护作用；分励脱扣器的电磁线圈被保护电路并联，用于远距离控制断路器跳闸。

低压断路器的工作原理如图 5-19 所示。断路器正常工作时，主触头串联于三相电路中，合上操作手柄，外力使锁扣克服反作用力弹簧的拉力，将固定在锁扣上的动、静触头闭合，并由锁扣扣住牵引杆，使断路器维持在合闸位置。当线路发生短路故障时，电磁脱扣器产生足够的电磁力将衔铁吸合，通过杠杆推动搭钩与锁扣分开，锁扣在反作用力弹簧的作用下，带动断路器的主触头分闸，从而切断电路。当线路过载时，过载电流流过热元件使双金属片受热向上弯曲，通过杠杆推动搭钩与锁扣分开，锁扣在反作用力弹簧的作用下，带动断路器的主触头分闸，从而切断电路。

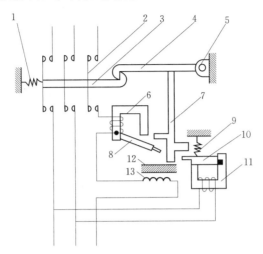

图 5 - 19　低压断路器工作原理

1、9—弹簧；2—触点；3—锁键；4—搭钩；5—轴；6—电磁脱扣器；7—杠杆；

8、10—衔铁；11—欠电压脱扣器；12—双金属片；13—电阻丝

（3）常见低压断路器。

1）塑壳式断路器。塑壳式断路器的主要特征是所有部件都安装在一个塑料外壳中，

没有裸露的带电部分，提高了使用的安全性。塑壳式断路器多为非选择型，一般用于配电馈线控制和保护、小型配电变压器的低压侧出线总开关、动力配电终端控制和保护，以及住宅配电终端控制和保护，也可用于各种生产机械的电源开关。小容量（50A 以下）的塑壳式断路器采用非储能式闭合，手动操作；大容量断路器的操动机构采用储能式闭合，可以手动操作，亦可由电动机操作。电动机操作可实现远方遥控操作。塑壳式断路器外形示意如图 5 - 20 所示。

2）框架式断路器。框架式断路器是在一个框架结构的底座上装设所有组件。由于框架式断路器可以有多种脱扣器的组合方式，而且操作方式较多，故又称为万能式断路器。CW 系列万能式断路器外形示意如图 5 - 21 所示。

图 5 - 20　塑壳式断路器外形示意图

框架式断路器容量较大，其额定电流为 630～5000A，一般用于变压器 400V 侧出线总开关、母线联络断路器或大容量馈线断路器和大型电动机控制断路器。

3）智能断路器。智能断路器由触头系统、灭弧系统、操动机构、互感器、智能控制器、辅助开关、二次接插件、欠压和分励脱扣器、传感器、显示屏、通信接口、电源模块等部件组成。智能脱扣器原理框图如图 5 - 22 所示。智能脱扣器的保护特性有：过载长延时保护，短路短延时保护，反时限、定时限、短路瞬时保护，接地故障定时限保护。

图 5-21　CW 系列万能式断路器示意图

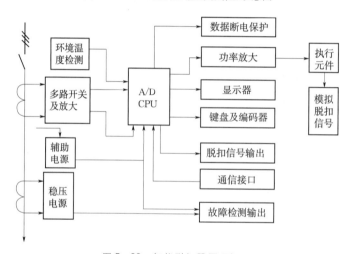

图 5-22　智能脱扣器原理框图

智能断路器的核心部分是智能脱扣器。它由实时检测、微处理器及其外围接口和执行元件三个部分组成。

a. 实时检测。智能断路器要实现控制和保护作用，电压、电流等参数的变化必须反映到微处理器上。

b. 微处理器。这是智能脱扣器的核心部分，由微处理与外围接口电路组成，对信号进行实时处理、存储、判别，对不正常运行进行监控等。

c. 执行部分。智能脱扣器的执行元件是磁通变换器，其磁路全封闭或半封闭，正常工作时靠永磁体保证铁芯处于闭合状态，脱扣器发出脱扣指令时，线圈通过的电流产生反磁场抵消了永磁体的磁场，动铁芯靠反作用力弹簧动作推动脱扣件脱扣。

智能断路器外形示意如图 5-23 所示。

4) 微型断路器。微型断路器是一种结构紧凑、安装便捷的小容量塑壳断路器，主要用来保护导线、电缆和作为控制照明的低压开关，所以亦称导线保护开关。一般均带有传统的热脱扣、电磁脱扣，具有过载和短路保护功能。其基本形式为宽度在 20mm 以下的片状单极产品，将两个或两个以上的单极组装在一起，可构成联动的二级、三级、四级断路器。微型断路器广泛应用于高层建筑、机床工业和商业系统，随着家用电器的发展，现已深入到民用领域。国际电工委员会（IEC）已将此类产品划入家用断路器。

目前我国生产的微型断路器有 K 系列和引进技术生产的 S 系列、C45 和 C45N 系列、PX 系列等。C 型系列断路器如图 5-24 所示。

图 5-23　智能断路器外形示意图

图 5-24　C 型系列断路器

（4）剩余电流动作保护装置。

剩余电流动作保护装置是指电路中带电导体对地故障所产生的剩余电流超过规定值时，能够自动切断电源或报警的保护装置，包括各类剩余电流动作保护功能的断路器、移动式剩余电流动作保护装置和剩余电流动作电气火灾监控系统、剩余电流继电器及其组合电器等。在低压电网中安装剩余电流动作保护装置是防止人身触电、电气火灾及电气设备损坏的一种有效的防护措施。国际电工委员会通过制定相应的规程，在低压电网中大力推广使用剩余电流保护装置。

1）工作原理。剩余电流动作保护装置的工作原理如图 5-25 所示。

2）在电路中没有发生人身触电、设备漏电、接地故障时，通过剩余电流动作保护装置电流互感器一次绕组电流的相量和等于零，即

$$\dot{I}_{L1} + \dot{I}_{L2} + \dot{I}_{L3} + \dot{I}_N = 0$$

则电流 $\dot{I}_{L1}$、$\dot{I}_{L2}$、$\dot{I}_{L3}$ 和 $\dot{I}_N$ 在电流互感器中产生磁通的相量和等于零，即

$$\dot{\phi}_{L1} + \dot{\phi}_{L2} + \dot{\phi}_{L3} + \dot{\phi}_N = 0$$

这样在电流互感器的二次绕组中不会产生感应电动势，剩余电流动作保护装置不动作。

当电路中发生人身触电、设备漏电、接地故障时，接地电流 I_N 通过故障设备、设备的接地电阻 R_A、大地及直接接地的电源、中性点相成回路，通过互感器一次绕组电流的相量和不等于零，即

$$\dot{I}_{L1} + \dot{I}_{L2} + \dot{I}_{L3} + \dot{I}_N \neq 0$$

剩余电流互感器中二次绕组产生磁通的相量和不等于零，即

$$\dot{\phi}_{L1} + \dot{\phi}_{L2} + \dot{\phi}_{L3} + \dot{\phi}_N \neq 0$$

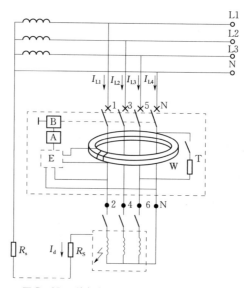

图 5-25　剩余电流保护装置的工作原理图

A—判别元件；B—执行元件；E—电子信号放大器；R_s—工作接地的接地电阻；

R_s—电源接地的接地电阻；T—试验装置；W—检测元件

在电流互感器的二次绕组中产生感应电动势，此电动势直接或通过电子信号放大器加在脱扣线圈上形成电流。二次绕组中产生感应电动势的大小随着故障电流的增加而增加，当接地故障电流增加到一定值时，脱扣线圈中的电流驱使脱扣机构动作，使主开关断开电路，或使报警装置发出报警信号。

3）剩余电流动作保护装置的结构。剩余电流动作保护装置的主要元器件的结构包括：检测元件 W（剩余电流互感器）、判别元件 A（剩余电流脱扣器）、执行元件 B（机械开关电器或报警装置）、试验装置 T 和电子信号放大器 E（电子式）等部分。

4）剩余电流动作保护装置的作用。低压配电系统中装设剩余电流动作保护装置，是防止直接接触电击事故和间接接触电击事故的有效措施之一，也是防止电气线路或电气设备接地故障引起电气火灾和电气设备损坏事故的技术措施。但安装剩余电流动作保护装置后，仍应以预防为主，并应同时采取其他各项防止电击事故和电气设备损坏事故的技术措施。

5）剩余电流保护器的应用。低压供用电系统中为了缩小发生人身电击事故和接地故障切断电源时引起的停电范围，剩余电流动作保护装置应采用分级保护。分级保护一般分为一级、二级、三级，第一级、二级保护是间接接触电击保护，第三级保护是防止人身电击的直接接触电击保护，也称末端保护。

6．交流接触器

接触器是一种自动电磁式开关，用于远距离频繁地接通或开断交、直流主电路及大容量控制电路。接触器的主要控制对象是电动机，能完成启动、停止、正转、反转等多种控制功能，也可用于控制其他负载，如电热设备、电焊机以及电容器组等。接触器按主触点通过电流的种类，分为交流接触器和直流接触器。

（1）交流接触器型号及含义。常用交流接触器的型号有 CJ20 等系列，它的主要特点是动作快、操作方便、便于远距离控制，广泛用于电动机、电热设备及机床等设备的控制。其缺点是噪声偏大，寿命短，只能通断负荷电流，不具备保护功能，使用时要与熔断器、热继电器等保护电器配合使用。

（2）交流接触器结构及工作原理。

1）交流接触器基本结构。交流接触器主要由电磁系统、触点系统、灭弧装置及辅助部件等组成。电磁系统由电磁线圈、铁芯、衔铁等部分组成，其作用是利用电磁线圈的得电或失电，使衔铁和铁芯吸合或释放，实现接通或关断电路的目的。

交流接触器的触点可分为主触点和辅助触点。主触点用于接通或开断电流较大的主电路，一般由三对接触面较大的动合触点组成。辅助触点用于接通或开断电流较小的控制电路，一般由两对动合和动断触点组成。

2）交流接触器工作原理。交流接触器的工作原理如图 5-26 所示，当按下按钮 7，接触器的线圈 6 得电后，线圈中流过的电流产生磁场，使铁芯产生足够的吸力，克服弹簧的反作用力，将衔铁吸合，通过传动机构带动主触点和辅助动合触点闭合，辅助动断触点断开。当松开按钮，线圈失电，衔铁在反作用力弹簧 4 的作用下返回，带动各触点恢复到原来状态。

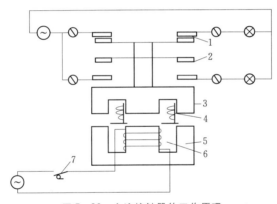

图 5-26 交流接触器的工作原理

1—静触点；2—动触点；3—衔铁；4—反作用力弹簧；5—铁芯；6—线圈；7—按钮

常用的 CJ20 等系列交流接触器在 85～105V 额定电压时，能保证可靠吸合；电压降低时，电磁吸力不足，衔铁不能可靠吸合。运行中的交流接触器，当工作电压明显下降时，由于电磁力不足以克服弹簧的反作用力，衔铁返回，使主触点断开。

7. 主令电器

主令电器是用于接通或开断控制电路，以发出指令或动作程序控制的开关电器。常用的主令电器有按钮、行程开关、万能转换开关和主令控制器等。主令电器是小电流开关，一般没有灭弧装置。

（1）按钮。按钮是一种手动控制器。由于按钮的触点只能短时通过 5A 及以下的小电流，因此按钮不直接控制主电路的通断。按钮通过触点的通断在控制电路中发出指令或信号，改变电气控制系统的工作状态。

1）型号及含义如图 5-27 所示。

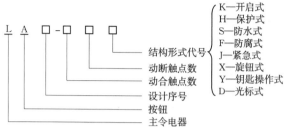

图 5 - 27 按钮型号及含义

2）种类及结构。按钮一般由按钮帽，复位弹簧，桥式动、静触点，支柱连杆及外壳组成。常用按钮的外形如图 5 - 28 所示。

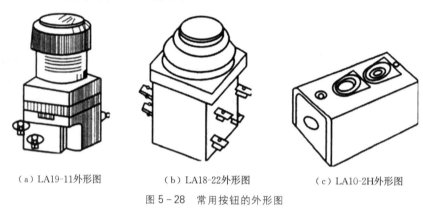

（a）LA19-11外形图　　　（b）LA18-22外形图　　　（c）LA10-2H外形图

图 5 - 28　常用按钮的外形图

按钮根据触点正常情况下（不受外力作用）分合状态分为启动按钮、停止按钮和复合按钮。

a. 启动按钮。正常情况下，触点是断开的，按下按钮时，动合触点闭合，松开时，按钮自动复位。

b. 停止按钮。正常情况下，触点是闭合的，按下按钮时，动断触点断开，松开时，按钮自动复位。

c. 复合按钮。由动合触点和动断触点组合为一体，按下按钮时，动合触点闭合，动断触点断开；松开按钮时，动合触点断开，动断触点闭合。复合按钮的动作原理如图 5 - 29 所示。

图 5 - 29 中 1 - 1 和 2 - 2 是静触点，3 - 3 是动触点，图中各触点位置是自然状态。静触点 1 - 1 由动触点 3 - 3 接通而闭合，此时 2 - 2 断开。按下按钮时，动触点 3 - 3 下移，首先使静触点 1 - 1（称动断触点）断开，然后接通静触点 2 - 2（称动合触点），使之闭合，松手后在弹簧 4 作用下，动触点 3 - 3 返回，各触点的通断状态又回到图 5 - 29 所示位置。

（2）行程开关。行程开关又叫限位开关，其作用与按钮相同。不同的是按钮是靠手动操作，而行程开关是靠生产机械的某些运动部件与它的传动部位发生碰撞，使其触点通断从而限制生产机械的行程、位置或改变其运行状态。行程开关的种类很多，但其结构基本一样，不同的仅是动作的转动装置。行程开关有按钮式、旋转式等，常用的行程开关有LX19、JLXK1 等系列。

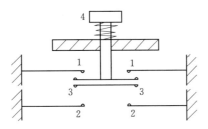

图 5-29　复合按钮的动作原理

1）型号及含义如图 5-30 所示。

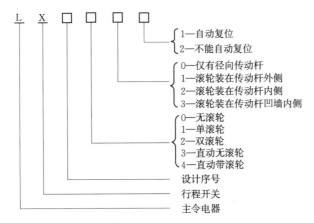

图 5-30　行程开关型号及含义

2）结构及工作原理。各系列行程开关的基本结构大体相同，都是由触点系统、操动机构和外壳组成。JLXKI 系列行程开关的外形如图 5-31 所示。

（a）JLXKI-311型按钮式　　（b）JLXKI-111型单轮旋转式　　（c）JLXKI-211型双轮旋转式

图 5-31　JLXKI 系列行程开关外形图

当运动机械的挡铁压到行程开关的滚轮上时，传动杠杆连同转轴一起转动，使凸轮推动撞块，当撞块被压到一定位置时，推动开关快速动作，使其动断触点断开，动合触点闭合；当滚轮上的挡铁移开后，复位弹簧就使行程开关各部分恢复原始位置。这种单轮自动恢复式行程开关是依靠本身的恢复弹簧来复原，在生产机械的自动控制中应用较广泛。

8．控制继电器

（1）热继电器。热继电器是一种电气保护元件。它是利用电流的热效应来推动动作机构使触点闭合或断开的保护电器，主要用于电动机的过载保护、断相保护、电流不平衡保护以及其他电气设备发热状态时的控制。

热继电器是根据控制对象的温度变化来控制电流流过的继电器，即利用电流的热效应而动作的电器，它主要用于电动机的过载保护。热继电器由热元件、触点、动作机构、复位按钮和定值装置组成。常用的热继电器有限 20T、JR36、3UA 等系列。

1）热继电器型号及含义如图 5-32 所示。

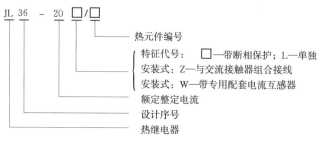

图 5-32 热继电器型号及含义

2）热继电器结构及工作原理。热继电器由热元件、触点系统、动作机构、复位按钮和定值装置组成。

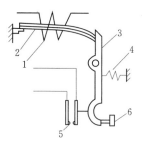

图 5-33 热继电器的工作原理
1—发热元件；2—双金属片；3—扣板；
4—弹簧；5—辅助动断触点；6—复位按钮

热继电器的工作原理如图 5-33 所示，图中发热元件是一段电阻不大的电阻丝，它缠绕在双金属片上。双金属片由两片膨胀系数不同的金属片叠加在一起制成。如果发热元件中通过的电流不超过电动机的额定电流，其发热量较小，双金属片变形不大；当电动机过载，流过发热元件的电流超过额定值时，发热量较大，为双金属片加温，使双金属片变形上翘。若电动机持续过载，经过一段时间之后，双金属片自由端超出扣板，扣板会在弹簧的拉力作用下发生角位移，带动辅助动断触点断开。在使用时，热继电器的辅助动断触点串接在控制电路中，当它断开时，使接触器线圈断电，电动机停止运行。经过一段时间之后，双金属片逐渐冷却，恢复原状。这时，按下复位按钮，使双金属片自由端重新抵住扣板，辅助动断触点又重新闭合，接通控制电路，电动机又可重新启动。热继电器有热惯性，不能用于断路保护。

（2）电磁式电流继电器、电压继电器及中间继电器。低压控制系统中采用的控制继电器大部分为电磁式继电器。这是因为它结构简单、价格低廉、能满足一般情况下的技术要求。

电磁式电流继电器的结构示意图如图 5-34 所示。

图 5-34 中为一拍合式电磁铁，当通过电流线圈 1 的电流超过某一额定值，电磁吸力大于反作用力弹簧的力时，衔铁吸合并带动绝缘支架动作，使动断触点 10-11 断开，动合触点 6-7 闭合。反作用调节螺母用来调节反作用力的大小，即用来调节继电器的动作参数。

过电流继电器或过电压继电器在额定参数下工作时，电磁式继电器的衔铁处于释放位置。当电路出现过电流或过电压时，衔铁才吸合动作；而当电路的电流或电压降低到继电

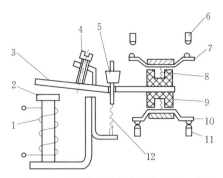

图 5 - 34 电磁式电流继电器的结构示意图

1—电流线圈；2—铁芯；3—衔铁；4—制动螺钉；5—反作用调节螺母；6、11—静触点；

7、10—动触点；8—触点弹簧；9—绝缘支架；12—反作用力弹簧

器的复归值时，衔铁才返回释放状态。

对于欠电流继电器或欠电压继电器在额定参数下工作时，其电磁式继电器的衔铁处于吸合状态。当电路出现欠电流或欠电压时，衔铁动作释放；而当电路的电流或电压上升后，衔铁才返回吸合状态。

电流继电器与电压继电器在结构上的区别主要在线圈上，电流继电器的线圈与负载串联，用以反映负载电流，故线圈匝数少，导线粗；电压继电器的线圈与负载并联，用以反映电压的变化，故线圈匝数多，导线细。

中间继电器的触点量较多，在控制回路中起增加触点数量和中间放大作用。由于中间继电器的动作参数无需调节，所以中间继电器没有调节弹簧装置。

（3）时间继电器。当继电器的感受部分接受外界信号后，经过一段时间才使执行部分动作，这类继电器称为时间继电器。按其动作原理可分为电磁式、空气阻尼式、电动式与电子式；按延时方式可分为通电延时型与断电延时型两种。常用的有空气阻尼式、电子式和电动式。

1）空气阻尼式时间继电器。空气阻尼式时间继电器又称为气囊式时间继电器，它是利用空气阻尼的原理配合微动开关来产生延时效果的。主要由电磁机构、触点系统和延时机构组成。常用的产品有 JS7 和 JS23 两个系列。JS7 系列空气阻尼式时间继电器结构简单、价格低，但延时范围小且延时精度及稳定性较差。

系列产品有：JS7 - 1A、JS7 - 2A、JS7 - 3A、JS7 - 4A 四种，JS7 - 3A 型空气阻尼式时间继电器外形如图 5 - 35 所示。

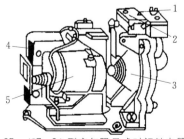

图 5 - 35 JS7 - 3A 型空气阻尼式时间继电器外形

1—进气囊调整螺钉；2—延时触点；3—气囊；4—衔铁芯；5—线圈

JS23 系列时间继电器为近代产品。它由一个具有 4 个瞬动触点的中间继电器为主体，加上一个延时机构组成。延时机构包括波纹状气囊、排气阀门、具有细长环形槽的延时片、调时旋钮及动作弹簧等，如图 5-36 所示。

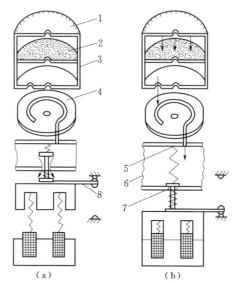

图 5-36 JS23 系列通电延时型时间继电器的构造

1—钮牌；2—透气片；3—调时旋钮；4—延时片；5—动作弹簧；

6—波纹状气囊；7—阀门弹簧；8—阀杆

2）电子式时间继电器。电子式时间继电器有晶体管阻容式和数字式等不同种类，前者的基本原理是利用阻容电路的充放电来产生延时效果，常用的有 JS14 和 JS20 系列。JS14 系列时间继电器的外形如图 5-37 所示。JS14 系列时间继电器的接线如图 5-38 所示。

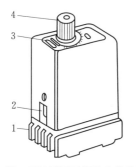

图 5-37 JS14 系列时间继电器外形图

1—插座；2—锁扣；3—面板；4—延时调节旋钮

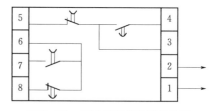

图 5-38 JS14 时间继电器接线图

JS20 系列电子式时间继电器产品品种齐全、延时时间长、线路较简单、延时调节方便、温度非偿性能好、电容利用率高、延时误差小、触点容量大。但也存在抗干扰性差、修理不便、价格高等缺点。

3）电动式时间继电器。电动式时间继电器利用小型同步电动机带动电磁离合器、减速齿轮及杠杆机构来产生延时。它的突出特点是：延时范围大、精度较高，但体积大、结构复杂、寿命较低。较常用的有 JS11 系列电动式时间继电器，其外形和接线分别如图 5-39、图 5-40 所示。

图 5-39　JS11 电动式时间继电器外形图

图 5-40　JS11 电动式时间继电器接线图

5.2.3　智能配变终端

智能配变终端实现了用电信息的自动采集、计量异常监测、电能质量监测、用电分析和管理的功能，满足了对电力用户数据采集、处理和实时监控的要求，为实现电力公司对用电客户"全覆盖、全采集、全费控"的战略目标打下了基础，是建设统一坚强智能电网的重要组成部分。

1. 基本结构及作用

智能配变终端如图 5-41 所示。

（1）液晶指示。用于现场查看参数数据，或者设置参数。

（2）红外发送接收。用于与红外掌机通信，进行现场的抄读和维护。

（3）4 键操作按钮。4 键操作键盘用于切换液晶指示。

（4）无功脉冲输出指示灯。无功脉冲输出一个，灯变换一次状态。

（5）有功脉冲输出指示灯。有功脉冲输出一个，灯变换一次状态。

（6）故障灯。此灯亮，表示终端运行发生故障。

（7）运行灯。该灯运行指示灯。正常状态下，1s 闪灭一次。

（8）告警指示灯。控制告警蜂鸣器鸣叫期间该灯会点亮，此时告警继电器闭合。

（9）二轮控制指示灯。此灯亮说明第二轮控制投入。

（10）一轮控制指示灯。此灯亮说明第一轮控制投入。

（11）电源指示灯。此灯亮说明终端已经上电。

（12）维护口。标准 RS232 口，用于现场维护用。

（13）编程按钮。该按钮按下 5s 以上，开放键盘设置功能。

（14）开盖报警。监控开盖。

（15）后备电池及 SIM 卡座。后备电池和 SIM 卡安装在此。

（16）盖板铅封处。此处铅封可以保护 SIM 卡，维护口，编程按钮。

（17）GPRS 状态指示灯。①网络状态灯（最左面）此灯闪烁，表示有网络信号（正常），此灯不闪烁，表示搜索不到网络信号（不正常）；②模块通信状态灯（右边两盏）：通信时，接收和发送时相应的灯会闪烁。

（18）尾盖及铅封处。铅封尾盖。

（19）表盖固定螺丝。

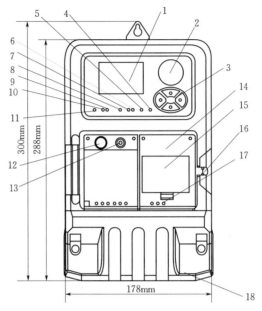

图 5-41 智能配变终端

1—液晶指示；2—红外发送接收；3—4 键操作按钮；4—无功脉冲输出指示灯；5—有功脉冲输出指示灯；

6—故障灯；7—运行灯；8—告警指示灯；9—二轮控制指示灯；10——轮控制指示灯；11—电源指示灯；

12—维护口；13—编程按钮；14—开盖报警；15—后备电池及 SIM 卡座；16—盖板铅封处；

17—GPRS 指示灯；18—尾盖及铅封处

5.3 安装验收标准

1. 检查要求

(1) 盘、柜的固定及接地应可靠，盘、柜漆层应完好、清洁整齐。

(2) 盘、柜内所装电器元件应齐全完好，安装位置正确，固定牢固。

(3) 所有二次回路接线应准确，连接可靠，标志齐全清晰，绝缘符合要求。

(4) 手车或抽屉式开关柜在推入或拉出时应灵活，机械闭锁可靠；照明装置齐全。

(5) 柜内一次设备的安装质量验收要求应符合国家现行有关标准规范的规定。

(6) 用于热带地区的盘、柜应具有防潮、抗霉和耐热性能，按国家现行标准《热带电工产品通用技术》（JB/T 4159—2013）要求验收。

(7) 盘、柜及电缆管道安装完后，应作好封堵。可能结冰的地区还应有防止管内积水结冰的措施。

(8) 操作及联动试验正确，符合设计要求。

2. 需提交的资料和文件

(1) 工程竣工图。

(2) 变更设计的证明文件。

(3) 制造厂提供的产品说明书、调试大纲、试验方法、试验记录、合格证件及安装图纸等技术文件。

（4）根据合同提供的备品备件清单。

（5）安装技术记录。

（6）调整试验记录。

5.4 巡视、检修与维护

5.4.1 巡检项目

开关柜巡检项目见表 5-5。

表 5-5 开关柜巡检项目

巡检项目	周期	要求	说明
外观检查	1 个季度	（1）外观无异常，高爪引线连接正常，绝缘件表面完好。 （2）无异常放电声音。 （3）试温蜡片无脱落或测温片无变色。 （4）标示牌和设备命名正确。 （5）带电显示器显示正常。 （6）照明正常	
气体压力值	1 个季度	气体压力表指示正常	
操动机构状态检查		（1）操动机构合、分指示正确。 （2）加热器功能正常（每半年）	
电源设备检查		蓄电池等设备外观正常，接头无锈蚀，状态显示正常	
接地装置检查		接地装置完整、正常	
仪器仪表检查		显示正常	
构架、基础检查		正常，无裂缝	
红外测温检查		温升、温差无异	
局放测试	特别重要设备 6 个月，重要设备 1 年，一般设备 2 年	无异常	采用超声波、地电波局部放电检测等光进的技术进行

5.4.2 例行试验项目

开关柜例行试验项目见表 5-6。

例行试验项目	周期	要求	说明
绝缘电阻测量	特别重要设备 6 年，重要设备 10 年，一般设备必要时	（1）20℃时开关本体绝缘电阻不低于 300MΩ。 （2）20℃时金属氧化物避雷器、TV、TA 一次绝缘电阻不小于 1000MΩ；TV、TA 二次绝缘电阻不小于 10MΩ	一次采用 2500V 兆欧表，二次采用 1000V 兆欧表
主回路电阻测量		不大于制造规定值的 1.5 倍（注意值）	测量电流不小于 100A
交流耐压试验		（1）断路器试验电压值按《高压开关设备和控制设备标准的共用技术要求》（DL/T 593—2016）规定。 （2）TA、TV（全绝缘）一次绕组试验电压值按出厂值的 85%，出厂值不明的按 30kV 进行试验。 （3）当断路器、TA、TV 一起耐压试验时按最低试验电压	试验电压施加方式：合闸时各相对地及相间，分闸时各断口
动作特性及操动机构检查和测试		（1）合闸在额定电压的 85%～110%范围内应可靠动作，分闸在额定电压的 65%～110%（直流），应可靠动作，当低于额定电压的 30%时，脱扣器小应脱扣。 （2）储能电动机工作电流及储能时间检测，检测结果应符合设备技术文件要求。电动机应能在 85%～110%的额定电压下可靠工作。 （3）直流电阻结果应符合设备技术文件要求或初值差不超过±5%。 （4）开关分合闸时间、速度、同期、弹跳符合设备技术文件要求	采用一次加压法，电阻采用 1000V 兆欧表。A、B 类检修后开展
控制、测量等二次回路绝缘电阻		绝缘电阻一般不小于 2MΩ	采用 1000V 兆欧表
连跳、五防装置检查		符合设备技术文件和五防要求	
接地电阻测试	4 年	≤4Ω	

5.5 常见故障原因分析、判断及处理

5.5.1 开关故障及处理

1. 正常运行状态

开关是配电柜中的关键元件，除担负正常情况下分合电路外，能确保在故障情况下可靠断开主回路，不至于故障范围扩大，以及越级跳闸。因此要求开关分合灵活，动作可靠，保护完善，所以对开关的故障处理显尤为重要。分析故障思路主要有：

（1）检查开关（断路器）的工作状态，判断是否需要更换。

（2）开关（断路器）的辅助触点的通断是否正确、可靠。

（3）开关（断路器）等主要电器的通断是否符合要求。

（4）保护电器的整定值是否符合要求，熔断器的熔体规格是否正确，辅助电路各元件的接点是否符合要求。

2. 开关故障及处理流程

开关故障及处理流程见表5-7。

表 5-7　　　　　　　　　　　开关故障及处理流程

故障现象	产生原因	排除方法
框架断路器不能合闸	（1）控制回路故障。 （2）智能脱扣器动作后，面板上的红色按钮没有复位。 （3）储能机构未储能或储能电路出现故障。 （4）抽出式开关是否摇到位。 （5）电气连锁故障。 （6）合闸线圈坏	（1）用万用表检查开路点。 （2）查明脱扣原因，排除故障后按下复位按钮。 （3）手动或电动储能，如不能储能，再用万用表逐级检查电机或开路点。 （4）将抽出式开关摇到位。 （5）检查连锁线是否接入。 （6）用目测和万用表检查
塑壳断路器不能合闸	（1）机构脱扣后，没有复位。 （2）断路器带欠压线圈而进线端无电源。 （3）操作机构没有压入	（1）查明脱扣原因并排除故障后复位。 （2）使进线端带电，将手柄复位后，再合闸。 （3）将操作机构压入后再合闸
断路器经常跳闸	（1）断路器过载。 （2）断路器过流参数设置偏小	（1）适当减小用电负荷。 （2）重新设置断路器参数值
断路器合闸就跳	出线回路有短路现象	切不可反复多次合闸，必须查明故障，排除后再合闸
脱扣器发响	（1）脱扣器受潮，铁芯表面锈蚀或产生污垢。 （2）有杂物掉进接触器，阻碍机构正常动作。 （3）操作电源电压不正常	（1）清除铁芯表面的锈或污垢。 （2）清除杂物。 （3）检查操作电源，恢复正常
不能就地控制操作	（1）控制回路有远控操作，而远控线未正确接入。 （2）负载侧电流过大，使热元件动作。 （3）热元件整定值设置偏小，使热元件动作	（1）正确接入远控操作线。 （2）查明负载过电流原因，将热元件复位。 （3）调整热元件整定值并复位

5.5.2 运行熔断器故障分析与处理

1. 正常运行状态

熔断器工作原理比较简单，当电路正常运行时，流过熔断器的电流小于熔体的额定电流，熔体正常发热温度不会使熔体熔断，熔断器长期可靠运行。当电路过负荷或短路时，流过熔断器的电流大于熔体的额定电流，熔体熔化切断电路。目前，配电柜中使用的熔断器为 RT0 系列居多，此系列熔断器运行安全可靠，分断能力好，只要在实际中正确配置，一般不会损坏。分析故障思路主要有以下几种：

（1）检查负荷情况是否与熔体所谓额定值配合。

（2）检查熔丝管与插座的连接处有无过热现象，接触是否紧密，内部有无烧损碳化现象。

（3）对有信号指示的熔断器，其熔断指示是否保持正常状态。

（4）熔断器在维修前应检查熔管有无破损，上底座螺丝要小心，切勿用力过猛。

2. 熔断器故障及处理

熔断器故障及处理见表 5-8。

表 5-8   熔 断 器 故 障 及 处 理

熔断器故障现象	故障原因	处理方法
二次熔丝熔断	（1）熔丝过小。 （2）二次元件有故障	（1）检查熔丝配置电压回路 4~6A，控制回路 10~20A。 （2）检查二次回路元件
一次熔丝熔断	（1）有短路故障。 （2）接触不良过。 （3）导线连接松动过热	（1）检查故障。 （2）更换熔断器。 （3）紧固导线

5.5.3 运行中剩余电流动作保护器常见故障分析处理

1. 正常运行状态

剩余电流动作保护器是在指定条件下被保护电路中的剩余电流达到预定值时能自动断开电路或发出报警信号。目前使用的剩余电流动作保护器基本是电流型，有分体式和一体式，分体式是通过交流接触器或开关来控制主回路通断；由于科技日新月异，剩余电流动作保护器的功能也不断完善，由单一的剩余电流保护增加了过负荷保护、欠电压保护、缺相保护、短路保护等，使保护功能更多而且更加智能，给剩余电流保护器的维护带来更多便利。故障分析思路主要有以下几种：

（1）剩余电流动作保护器本体是否正常。

（2）电压是否正常。

（3）接线是是否有误。

（4）接触器是否完好。

（5）信号通道是否完好。

2. 剩余电流动作保护器常见故障及处理方法

剩余电流动作保护器常见故障及处理方法见表5-9。

表 5-9　　　　　　　　　剩余电流动作保护器常见故障及处理方法

剩余电流故障现象	故障原因	处理方法
剩余电流断路器不能合闸	（1）电源未接通。 （2）电源缺相。 （3）电源熔丝烧断	（1）检查电源电压是否已接通。 （2）检查三相相电压。 （3）检查后更换熔丝
剩余电流断路器合闸后即跳闸	（1）外部有较大漏电流。 （2）欠压动作。 （3）内部故障	（1）对线路进行检查。 （2）检查欠压原因。 （3）实施更换或修理
剩余电流断路器合闸后一段时间跳闸	（1）过载运行。 （2）接触不良	（1）检测运行电流。 （2）检查连接部位有无松动发热
剩余电流动作继电器不能合闸	（1）电源未接通。 （2）电源缺相。 （3）电源熔丝烧断	（1）检查电源电压是否已接通。 （2）检查三相相电压。 （3）检查后更换熔丝
剩余电流动作继电器按钮试跳不动作	（1）零序电流互感器断线或接触不良。 （2）内部电路故障。 （3）剩余电流报警功能启用	（1）检查插件或更换零序电流互感器。 （2）更换或修理。 （3）退出剩余电流报警功能
剩余电流动作继电器运行一段时间跳闸	过负荷运行	检测运行电流
剩余电流动作继电器一合闸即跳闸	（1）启动过程控制熔丝熔断。 （2）线路泄漏电流超过动作电流。 （3）设置额定电流值过小	（1）检查熔丝是否过小，更换熔丝。 （2）检查线路泄漏电流。 （3）重新设置额定电流
交流接触器不吸合	（1）输出电压异常。 （2）连接导线故障。 （3）线圈断线	（1）检查输出电压。 （2）检查连接导线。 （3）检查线圈
无遥测数据	（1）信号线连接异常。 （2）总保数据与系统格式不匹配。 （3）终端异常。 （4）SIM 卡损坏	（1）检查信号线。 （2）重新设置总保数据。 （3）检查终端工作状况。 （4）抽换 SIM 卡

5.5.4 无功补偿装置故障及处理方法

1. 正常运行状态

无功补偿装置是在低压系统中改善电网功率因数。它可以根据电网的功率因数变化实现电容器的自动投切，使功率因数达到最佳，实现电网降损，提高电压质量的目的。目前一般是6～10路的电容器组由自动控制器根据要求来实现投切控制，也有通过分相电容器进行智能控制的。故障分析主要有以下几点：

(1) 电压是否正常。

(2) 投切动作是否跟随功率因数变化。

(3) 功率因数指示与实际是否相符。

(4) 动作效果观察。

2. 无功补偿装置故障及处理方法

无功补偿装置故障及处理方法见表5－10。

表 5－10　　　　　　　　　　无功补偿装置故障及处理方法

无功补修装置故障现象	故障原因	处理方法
电容柜不能自动补偿	(1) 控制回路无电源电压。 (2) 电流信号线未正确连接	(1) 检查控制回路，恢复电源电压。 (2) 正确连接信号线
补偿器始终只显1.00	电流取样信号未送入补偿器	从电源进线总柜的电流互感器上取电流信号至控制仪的电流信号端子上
电网负荷是滞后状态（感性），补偿器却显示超前（容性），或者显示滞后，但投入电容器后功率因数值不是增大，反而减小	电流信号与电压信号相位不正确	(1) 220V补偿器电流取样信号应与电压信号（电源）在同一相上取样。例：电压为$U_{AN}=$220V，电流就取A相；3380V补偿器电流取样信号应在电压信号不同相上取得。例：电压为$U_{AC}=380$V，电流就取B相。 (2) 如电流取样序列正确，那可将控制器上电流或电压其中一个的两个接线端互相调换位置即可
电容器保护熔丝频繁损坏	负荷谐波比例超标	对负荷设备整改，加装电抗器
电网负荷是滞后，补偿器也显示滞后，因数值不变，其值只随负荷变化而变化	投切电容器产生的电流没有经过电流取样互感器。	使电容器的供电主电路取至进线主柜电流互感器的下端，保证电容器的电流但投入电容器后功率经过电流取样互感器

5.5.5 智能公变终端故障及处理

1. 正常运行状态

(1) 查看运行指示灯是否亮，正常状态是一定间隔期的闪烁。

(2) 查看网络指示灯是否闪烁，如果不亮或常亮都是不正常的。

(3) 查看终端显示屏上的信号强度是否在两格以上。

(4) 如果是GPRS通信方式，查看显示屏左上角的"〔　〕"里有没有"G"出现，"S"

代表短信通信方式。

（5）在终端测量点设置处，把测量点调到 0，查看电压、电流、电量等是否正常。

2．终端故障及处理流程

终端故障及处理流程见表 5-11。

表 5-11　　　　　　　　　　　　终端故障及处理流程

故障类型	处理流程	说明
主站通信故障	（1）确定主站与终端的逻辑地址是否正确，可以和主站上的用户档案正行合对。 （2）SIM 卡是否正确。若开通语音功能的可拨打 SIM 卡号的，若有接通提示音，再向终端下发主站通信地址与短信中心码。若不通是其他原因（如停电、信号弱等）。 （3）GPRS 通信还与终端的主站地址、APN、心跳间隔时间有关。 （4）通过主站下终端复位命令，看能否与主站通信。 （5）省局专线服务器出现故障。 （6）现场看液晶屏手机信号是否可靠。 （7）SIM 卡本身是否开通 GPRS 服务和能否正常接收与发送短信（可放在手机上试）。 （8）终端 GPRS 通信模块出现故障，需换通信模块。 （9）天线连接是否正常，不可出现接触不良或被柜体门卡断等情况。如在地下室、箱体内出现信息被屏蔽等情况，可采用加长天线	状态显示注释： actip：不能激活 IP，确认 SIM 卡开通了 GPRS 且有余额；none：没有错误，一切正常；host：被主站拒绝，确认主站地址和端口设置是否正确，并且已开启；gsm：找不到 GSM 网络，确认天线连接是否正常；SIM err：不能正确读取 SIM 卡；pdp：设置 PDP 通道失败；GPRS：找不到 GPRS 网络；unknow：未知错误
任务数据不上报	（1）终端的任务有效标志错误。在主站查询终端的有效标志是否与需开启的一致，若错误就重新进行设置。 （2）终端本身的任务配置与主站库存的不一致。在主站可查询终端的任务配置查看是否正确。 （3）任务配置的测量点是否正确，如配置的测量和实际需求的数量不一致，致辞将导致负荷和电量任务上送数据为空。 （4）终端时间出错。 （5）终端更换后任务未重新配置。 （6）通信信道堵塞。 （7）终端故障，换终端	
任务数据不完整	（1）终端断点的间隔处于停电状态。可在主站上查看终端的停电来电报警对照曲线断点的时间点。 （2）终端安装的位置信号弱或信号不稳。 （3）通信信道出现故障，将信息丢失。 （4）时钟不准确。 （5）主站侧网络出现故障，数据丢失，终端无法判断，需要在主站进行补召。 （6）终端的任务配置与主站的默认设置是否正确、一致。 （7）终端任务参数是否正确。 （8）终端故障，换终端	

故障类型	处理流程	说明
电压合格率故障	（1）线路问题。 （2）终端本身的采集计量问题。 （3）接线问题。 （4）终端故障，换终端	
终端负载率故障	（1）档案问题。 （2）变压器实际容量过低。 （3）TA 倍率错误。 （4）终端故障，换终端	

5.6 现场实际案例

5.6.1 低压配电柜交流接触器烧毁故障

1. 案例现象

2014 年 2 月 15 日，某配变台区 B 路出线交流接触器及其控制回路烧毁（图 5-42）。

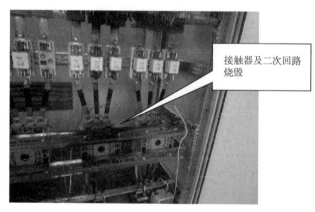

图 5-42 某配变台区 B 路交流接触器及其控制回路烧毁

2. 原因分析

该配变台区采用以通用型剩余电流动作保护器控制交流接触器的方式通断电路，其接线方式如图 5-43 所示。遇交流接触器线圈烧毁后剩余电流动作保护器至线圈断电，但 A 相母线直接连接至线圈出线端的导线仍然连接，引起单相接地短路，导致整个交流接触器烧毁。

3. 整改处理

（1）更换相关交流接触器、二次控制回路及分体式剩余电流动作保护器。

（2）在 A 相母线与交流接触器线圈出线端安装熔断器。

（3）将通用型剩余电流动作保护器更换成节能型剩余电流动作保护器。

图 5-43 某配变台区交流接触器控制接线方式

5.6.2 低压配电柜低压出线发热故障

1. 案例现象

2013 年 9 月 8 日，某配变台区毛芋山线 A 相、C 相低压出线桩头发热，导致绝缘脱落（图 5-44）。

低压出线桩头发热、绝缘脱落

图 5-44 某配变台区绝缘脱落

2. 原因分析

（1）接线端子使用不当、压接工艺不合格，如铜（铝）接线端子混用、接线端子型号不配套、未正确使用压接工艺等。

（2）低压出线截面过小。

（3）低压用户负荷过大。

3. 整改处理

（1）根据低压出线导线型号、规格使用相应铜（铝）接线端子进行断线压接。

（2）通过观察电流表、使用钳形电流表等方式，读取该线路各相电流，对导线配置截面过小引起的故障，积极通过配网改造、设备消缺等措施提升线路设备安全运行水平。

（3）通过低压用户负荷改接、用户负荷控制等方式对低压用户负荷进行有效管理，避免线路设备烧毁事故方式。

低压出线桩头整改后，如图 5-45 所示。

图 5-45　低压出线桩头整改后

5.6.3　低压配电柜无功装置常见故障

1. 案例现象

无功装置未投运如图 5-46 所示，无功装置欠补偿，如图 5-47 所示。

图 5-46　无功装置未投运

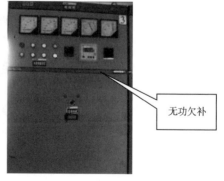

图 5-47　无功装置欠补偿

电容柜交流接触器烧毁如图 5-48 所示，电容器鼓包、漏液如图 5-49 所示。

图 5-48　电容柜交流接触器烧毁

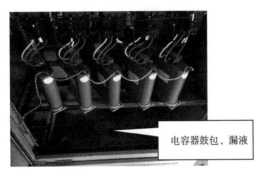

图 5-49　电容器鼓包、漏液

2. 原因分析

（1）春节无功退运后电容器未投回使用。

（2）控制回路无电源电压。

（3）电流信号线未正确连接。

（4）电容器配置不足。

（5）电容柜交流接触器损坏。

（6）电容器损坏。

3. 整改处理

（1）加强无功装置设备巡视、检查工作，避免春节过后无功装置长期未投情况发生。

（2）对无功装置控制回路进行检查并整改。

（3）更换电容器、交流接触器等故障设备。

（4）根据台区实际情况增加无功补偿装置或补偿点。

第6章 构筑物及外壳

6.1 本体检查

（1）构筑物及外壳要符合设计技术和设备运行技术要求规范。

（2）对构筑物及外壳的耐火等级要求符合《建筑设计防火规范》（GB 50016—2006）的有关规定。

6.2 安装工艺质量检查

（1）构筑物及外壳的顶棚不得有漏水和裂纹痕迹，内墙面应刷白，环境清洁、明亮。内、外墙面不得有脱落、锈蚀、漏水痕迹等现象。配电室的顶棚不得有脱落或掉灰的现象。

（2）地（楼）面采用高标号水泥抹面压光，防止地面起灰。保持室内清洁，以利于电气设备的安全运行。

（3）构筑物及外壳应设有防雨、雪飘入室内的措施。构筑物周边设置排水沟或集水坑，或采取其他有效措施，以便将沟内积水排走，防止设备受潮造成事故。

（4）高、低压室的构筑物应开窗，临街一面不宜开窗。

（5）构筑物及外壳应有防止小动物进入的措施。

（6）构筑物及外壳应设置防雷接地，接地电阻值符合设计要求或设备运行要求。

（7）构筑物内应设置良好通风装置，并采取防尘措施。

（8）在严寒地区，当环境温度低于电气设备、仪表（如电度表等）、继电器元件等使用温度时，构筑物内应安装有采暖措施，并不得影响设备正常安全运行。采暖装置应采用钢管焊接，不得有法兰、螺纹接头和阀门。

6.3 构筑物隐蔽工程验收

1. 箱式变电站基础

（1）基础应高出安装地面不小于 30cm。

（2）基础水平面应该平整，水平度不大于 5mm/全长。

（3）保证箱体安装后的平稳、与基础贴合紧密，并确保所有门开启顺畅到位。

（4）通风口的风口防护网符合设计要求、完好。

（5）预埋件及预留孔符合设计要求，预埋件牢固。

（6）基础坑内无积水，排水良好并无杂物。

（7）箱式变电站底座采用经热镀锌处理的型钢，焊接处均应作防腐处理。

（8）箱式变电站电缆进出口应使用防水和防火材料进行封堵，封堵应密实可靠。

（9）箱体安装后，应留有足够的操作、巡视距离及平台。

（10）箱体安装位置应满足防外力碰撞、消防要求。

（11）接地网与基础型钢连接、基础型钢与引进箱内的地线扁钢连接应有两个焊接点。

（12）箱式变电站的配电箱、支架或外壳的接地采用带有防松装置的螺栓连接。连接均应紧固可靠，紧固件齐全。元器件接地应采用螺栓与接地端子排连接。

（13）开启的各金属门应采用镀锡铜编织线接地。

（14）接地体规格符合规定要求。

（15）接地电阻符合设计要求。

（16）变压器的低压侧中性点应直接与接地装置引出的接地干线进行连接，变压器箱体、干式变压器的支架或外壳应进行接地（PE），且有标识。所有连接应可靠，紧固件及防松零件齐全。

（17）安全标志牌、操作工器具、钥匙及备品备件齐全。

（18）设备运行编号、相序标识等应正确齐全。

2. 配电室基础

（1）新改造配电室可独立设置或设置在建筑物内，应统筹规划、合理预留配电设施安装位置。在公共建筑楼内改造的配电室，应采取防噪声、防建筑共振、防电磁干扰等措施，应结合建筑物综合考虑通风、散热和消防措施等措施。

（2）室内配电室如受条件所限，可设置在地下一层，但不得设置在最底层。不宜设在卫生间、浴室等经常积水场所的下方或贴邻，各种管道不得从配电室内穿过。变压器室不宜设置在有人居住房间的正下方。

（3）配电室设在地下室时须采取严格的防渗漏、防潮等措施，并配备必要的排水、通风、消防设施，同时应选用满足地下环境要求的全工况电气设备。

（4）独立配电室的标高应高于洪水和暴雨的排水，屋顶宜采用坡顶形式，屋顶排水坡度不应小于1/50，并有组织排水。屋面不宜设置女儿墙。

（5）配电室应合理考虑通风散热方式及装置选型，门窗应密合，与室外相通的孔洞应封堵。防止雨、雪、小动物、尘埃等进入室内。门窗应采取必要的防盗措施。

（6）楼宇内配电设施的通风应与楼宇通风同步考虑，必要时宜设置除湿装置。当使用SF_6气体绝缘设备时，宜装设低位排气装置。

（7）变压器室大门应避开居民住宅，高压室宜设不能开启的自然采光窗，窗台距室外地坪不宜低于1.8m，低压室可设能开启的自然采光窗，配电室房临街的一面不宜开窗。

（8）电缆密集场所可以设置专门的排水泵和集水井，防止积水。

（9）核对基础埋件及预留孔洞应符合设计要求。

（10）10kV高压开关柜的基础槽钢应符合：基础槽钢的不直度应不大于1mm/m，全长不大于5mm；基础槽钢的水平度应不大于1mm/m，全长不大于5mm；基础槽钢的位置误差及不平行度全长应不大于5mm。

（11）每段基础槽钢的两端应有明显的接地。

（12）基础型钢与接地母线连接，将接地扁钢引入并与基础型钢两端焊牢。焊缝长度为接地扁钢宽度的 2 倍，三面施焊。

（13）室外配电装置的场地应平整。

（14）通风、事故照明及消防装置符合要求。

3．电缆沟、井、隧道基础

（1）隧道内通道净高不宜小于 1900mm。在较短的隧道中与其他沟道交叉的局部段，净高可降低，但不应小于 1400mm。

（2）封闭式工作井的净高不宜小于 1900mm。

（3）电缆夹层室的净高不得小于 2000mm，但不宜大于 3000mm。民用建筑的电缆夹层净高可稍降低，但在电缆配置上供人员活动的短距离空间不得小于 1400mm。

（4）电缆沟、隧道或工作井内通道的净宽，不宜小于表 6-1 所列值。

表 6-1 　　　　　　　　电缆沟、隧道或工作井内通道的净宽 　　　　　　单位：mm

电缆支架配置方式	电缆沟沟深			开挖式隧道或封闭式工作井	非开挖式隧道
	＜600	600～1000	＞1000		
两侧	300	500	700	1000	800
单侧	300	450	600	900	800

（5）电缆构筑物应满足防止外部进水、渗水的要求，且应符合下列规定：

1）对电缆沟或隧道底部低于地下水位、电缆沟与工业水管沟并行邻近、隧道与工业水管沟交叉时，宜加强电缆构筑物防水处理。

2）电缆沟与工业水管沟交叉时，电缆沟宜位于工业水管沟的上方。

3）在不影响厂区排水情况下，厂区户外电缆沟的沟壁宜稍高出地坪。

（6）电缆构筑物应实现排水畅通，且符合下列规定。

1）电缆沟、隧道的纵向排水坡度，不得小于 0.5%。

2）沿排水方向适当距离宜设置集水井及其泄水系统，必要时应实施机械排水。

3）隧道底部沿纵向宜设置泄水边沟。

（7）电缆沟沟壁、盖板及其材质构成，应满足承受荷载和适合环境耐久的要求。

（8）电缆隧道、封闭式工作井应设置安全孔，安全孔的设置应符合下列规定：

1）沿隧道纵长不应少于 2 个。在工业性厂区或变电所内隧道的安全孔间距不宜大于 75m。在城镇公共区域开挖式隧道的安全孔间距不宜大于 200m，非开挖式隧道的安全孔间距可适当增大，且宜根据隧道埋深和结合电缆敷设、通风、消防等综合确定。隧道首末端无安全门时，宜在不大于 5m 处设置安全孔。

2）对封闭式工作井，应在顶盖板处设置 2 个安全孔。位于公共区域的工作井，安全孔井盖的设置宜使非专业人员难以启动。

3）供人出入的安全孔直径不得小于 700mm。

4）安全孔内应设置爬梯，通向安全门应设置步道或楼梯等设施。

5）在公共区域露出地面的安全孔设置部位，宜避开公路、轻轨，其外观宜与周围环境景观相协调。

（9）高落差地段的电缆隧道中，通道不宜呈阶梯状，且纵向坡度不宜大于15°，电缆接头不宜设置在倾斜位置上。

（10）电缆隧道应有通风设施，且有防火隔断。当有较多电缆导体工作温度持续达到70℃以上或其他影响环境温度显著升高时，可装设机械通风，但机械通风装置应在出现火灾时能可靠地自动关闭。长距离的隧道，宜适当分区段实行相互独立的通风。

（11）非拆卸式电缆竖井中，应有人员活动的空间，且宜符合下列规定：

1）未超过5m高时，可设置爬梯，且活动空间不宜小于800mm×800mm。

2）超过5m高时，宜设置楼梯，且每隔3m宜设置楼梯平台。

3）超过20m高且电缆数量多或重要性要求较高时，可设置简易式电梯。

（12）电缆管不应有穿孔、裂缝和显著的凹凸不平，内壁应光滑；金属电缆管不应有严重锈蚀；塑料电缆管应有满足电缆线路敷设条件所需保护性能的品质证明文件。在易受机械损伤的地方和在受力较大处直埋时，应采用足够强度的管材。

（13）电缆支架应符合下列要求。

1）支架钢材应平直，无明显扭曲。下料误差应在5mm范围内，切口应无卷边、毛刺。

2）支架焊接应牢固，无显著变形。各横撑间的垂直净距与设计偏差不应大于5mm。

3）电缆支架的强度，应满足电缆及其附件荷重和安装维护的受力要求，当有可能短暂上人时，应计入900N的附加集中荷载；在户外时，还应计入可能有覆冰、雪和大风的附加荷载。

4）金属电缆支架应进行防腐处理。位于湿热、盐雾以及有化学腐蚀地区时，应根据设计做特殊的防腐处理。

5）电缆支架应安装牢固，横平竖直；托架支吊架的固定方式应按设计要求进行。各支架的同层横档应在同一水平面上，其高低偏差不应大于5mm。托架支吊架沿桥架走向左右的偏差不应大于10mm。

6）在有坡度的电缆沟内或建筑物上安装的电缆支架，应有与电缆沟或建筑物相同的坡度。

7）电缆支架最上层及最下层至沟顶、楼板或沟底、地面的距离，当设计无规定时，不宜小于表6-2的数值。

表6-2　　　　电缆支架最上层及最下层至沟顶、楼板或沟底、地面的距离　　　单位：mm

敷设方式	电缆隧道及夹层	电缆沟	吊架	桥架
最上层至沟顶或楼板	300～350	150～200	150～200	350～450
最下层至沟底或地面	100～150	50～100	—	100～150

（14）组装后的钢结构竖井，其垂直偏差不应大于其长度的2‰；支架横撑的水平误差不应大于其宽度的2‰；竖井对角线的偏差不应大于其对角线长度的5‰。

（15）与电缆线路安装有关的建筑工程的施工应符合下列要求：

1）与电缆线路安装有关的建筑物、构筑物的建筑工程质量，应符合国家现行有关标准规范的规定。

2）电缆线路安装前，建筑工程应具备下列条件：预埋件符合设计，安置牢固；电缆沟、隧道、竖井及人孔等处的地坪及抹面工作结束，人孔爬梯的安装已完成；电缆层、电缆沟、隧道等处的施工临时设施、模板及建筑废料等清理干净，施工用道路畅通，盖板齐全；电缆线路敷设后，不能再进行的建筑工程工作应结束；电缆沟排水畅通，电缆室的门窗安装完毕。

3）电缆线路安装完毕后投入运行前，建筑工程应完成由于预埋件补遗、开孔、扩孔等需要而造成的建筑工程修饰工作。

（16）电缆工作井的尺寸应满足电缆最小弯曲半径的要求。电缆井内应设有积水坑，上盖可开启盖。

6.4 施工单位应提交的资料

设备安装、调试单位应提交下列资料，但不局限于以下资料。

（1）施工资料。

1）施工中的有关协议及文件。

2）设计图。

3）设计变更文件（有变更时）。

4）竣工图。

5）安装过程技术记录（包括隐蔽工程记录）。

（2）设备资料。

1）设备及其附件的技术说明书、安装手册。

2）出厂合格证、检验报告。

3）安装图纸（需要时）。

4）需要的备品、备件、专用工器具。

（3）试验资料。

1）出厂试验报告。

2）相关验收单位需要的试验报告。

6.5 交接试验项目及要求

1. 交接试验的要求

交接试验应在设备投运之前进行。

2. 交接试验项目和要求

构筑物及外壳的试验项目和要求见表6-3。

表6-3 构筑物及外壳的试验项目和要求

交接试验项目	要求	说明
接地电阻测试	符合设计要求	

参 考 文 献

［ 1 ］ GB/T 3906—2006. 3.6kV～40.5kV 交流金属封闭开关设备和控制设备 ［S］. 2006.

［ 2 ］ JB/T 8754—2007. 高压开关设备和控制设备型号编制方法 ［S］. 2007.

［ 3 ］ NB/T 42064—2015. 3.6kV～40.5kV 交流金属封闭开关设备和控制设备试验导则 ［S］. 2015.

［ 4 ］ Q/GDW 612—2011. 12（7.2）kV～40.5kV 交流金属封闭开关设备状态检修导则 ［S］. 2011.

［ 5 ］ 吕朝晖，朱建增. 110kV 变压器及有载分接开关检修技术 ［M］. 北京：中国水利水电出版社，2016.

［ 6 ］ 王翊立，方凯. 110kV 变电站开关设备检修技术 ［M］. 北京：中国水利水电出版社，2016.

［ 7 ］ 国家电网公司人力资源部. 国家电网公司生产技能人员职业能力培训专用教材（农网配电）［M］. 北京：中国电力出版社，2010.

［ 8 ］ Q/GDW 744—2012. 配电网技改大修项目交接验收技术规范 ［S］. 2012.

［ 9 ］ JB/T 3752.1—2013. 低压成套开关设备和控制设备 产品型号编制方法 第 1 部分：低压成套开关设备 ［S］. 2013.

［10］ GB/T 20641—2014. 低压成套开关设备和控制设备 空壳体的一般要求 ［S］. 2014.

［11］ GB 50171—2012. 电气装置安装工程 盘、柜及二次回路结线施工及验收规范 ［S］. 2012.

［12］ Q/GDW 643—2011. 配网设备状态检修试验规程 ［S］. 2011.

［13］ 关城. 配电线路（供用电工人技能手册）［M］. 北京：中国电力出版社，2004.